宅人必備！

日本醫科升學補習班名師

信定邦洋 著

楓葉社

前言

初次見面，我是這本書的作者，名叫信定邦洋。感謝各位讀者願意翻閱這本《理科用語大聲公》。

本書中會提到像是「青木痲里子現象」、「皮卡丘素」這類聽起來令人摸不著頭緒的獨特用語，或是「八十八夜的晚霜」、「星暴星系」這類感覺很帥的詞彙，還有「叢枝菌根菌」、「2,4,6－三硝基甲苯」這些帶有抑揚頓挫的獨特用語，並且透過淺顯易懂的解說方式，彙整出大量讓人想了解更多的理科用語。書中將盡可能地避免使用艱澀的語詞，所以不只是理組人，我相信就連文組人同樣能輕鬆閱讀。我也花了不少心思，讓這本書能夠老少咸宜。

除此之外，書中還加入了會讓人忍不住噴笑出來的「範例」、知道的人一定懂的「理科不思議」，以及對人生有幫助的「科學家名言」，更少不了能用來在朋友面前臭屁一番的「理科豆知識」，為讀者獻上既豐富又充實的內容。

請各位發出聲音，反覆地唸唸看書中提到的用語。相信一定會讓你愈讀愈覺得興味昂然。

筆者目前在醫科升學補習班「富士學院」擔任講師，已出版過《生物基礎ゴロゴ》、《カープ漢字ドリル》、《カープ英単語ドリル》等著作。每本都結合了獨特的標題、有趣的插畫，以及吸睛的範例，努力地讓讀者們能在愉快的閱讀過程中，自然而然記住書中內容。

「教育」和「娛樂」的雙重結合——這種「寓教於樂」的教育形式在近幾年相當受到關注，本書正是希望讀者們能夠透過愉快的閱讀經驗，自然地學會理科相關的知識。面對當今「疏離理科」的這股氛圍，真的很期盼這本書能讓讀者們覺得「其實理科還蠻有趣的呢」！

CONTENTS

第2章 超適合拍電影！聽起來就很潮的用語 19

第3章 彷彿有點印象，但又似懂非懂的用語 17

第4章 變身理科達人！脫口就贏得眾人崇拜的用語 23

內文設計｜鈴木智則（株式会社ワーク・ワンダース）
插　　圖｜いとうみつる

第1章

話題性滿分！氣氛大師的暖場用語 21

你……不是已經死了嗎？

行屍症候群

NO. 01 ｜ 醫學 ｜ 臭屁程度

突然聽到這個字的話會感覺挺恐怖的。行屍症候群的日文寫作「**歩く死体症候群**」，從字面看起來就像是殭屍電影的片名。

行屍症候群是在1880年，由法國精神科醫師**科塔爾**（Jules Cotard）發現的重度憂鬱症，所以又名為**科塔爾症候群**。

據科塔爾所言，某位43歲的女性「X小姐」來找他，希望科塔爾能幫忙燒掉自己的遺體。該名女性對自己感到極度厭惡，甚至認為身體裡不存在大腦及內臟。X小姐很長一段時間都沒吃飯，卻絲毫不以為意，因為她認為自己會維持這樣的狀態直到永遠。而X小姐持續禁食的最終結果，就是把自己活活餓死。

罹患此病的患者，會沉浸在「自己已經死了」的妄想之中，有些病患甚至會聞到自己腐敗後所發出的臭味。之所以會有這類妄想，其實是患者的腦部功能不完全或是自律神經失調所引起，屬於一種精神障礙。行屍症候群屬於相當罕見的疾病，目前全世界的罹病人數約莫為100人。

有位17歲的美國女性患者，在接受心理治療過程中，發現觀賞迪士尼電影後的效果特別好。真不愧是「夢想與魔法王國」的神力呢！

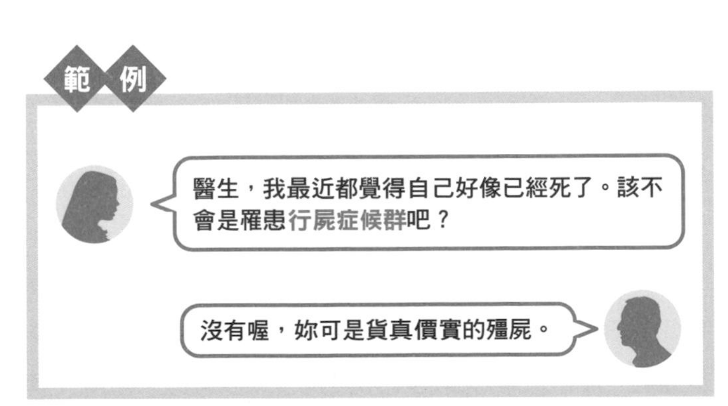

究竟是有刺還是沒刺啊？

有刺無刺鐵甲蟲

NO. 02 生物 臭屁程度

有刺無刺鐵甲蟲……還可真是會讓人想吐槽到底是有刺？還是沒刺？的名稱呢！

鐵甲蟲屬於金花蟲科（Chrysomelidae）中，被歸類在鐵甲蟲亞科（Hispinae）的昆蟲，由於身體長了許多刺狀突起，所以日文才會被叫作トゲトゲ（譯註：很多刺的意思）。不過，鐵甲蟲當中又有一些沒有長刺狀突起的種類，因此被稱為無刺鐵甲蟲。

各位讀到這裡應該已經覺得有點複雜了，不過，無刺鐵甲蟲的同類中，竟然還有部分帶有刺的種類，名叫「有刺無刺鐵甲蟲」。

讀者們或許會認為：「既然有長刺，那不就是鐵甲蟲嗎？」但有刺無刺鐵甲蟲並不像普通的鐵甲蟲一樣，全身長滿刺，而是只有翅膀的下半段長了刺狀突起。所以充其量只能說是「有長刺的無刺鐵甲蟲」。聽起來或許非常矛盾，不過這也是因為一下子有刺，一下子沒刺的關係，才會讓各位覺得很複雜。

順帶一提，聽說還有身上沒帶刺的有刺無刺鐵甲蟲，叫作「無刺有刺無刺鐵甲蟲」。講到這裡，想必各位更是滿臉問號了吧。

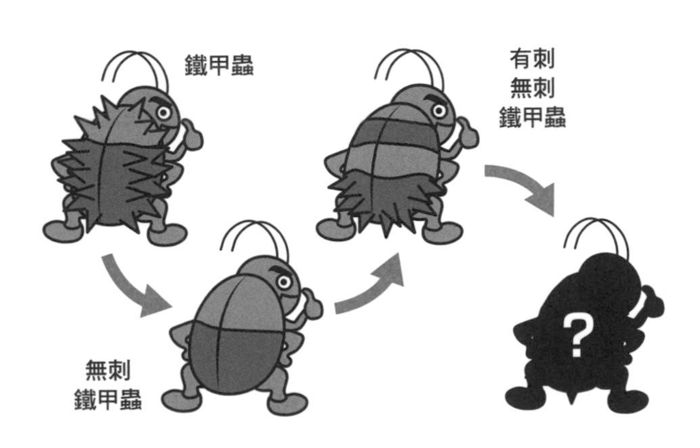

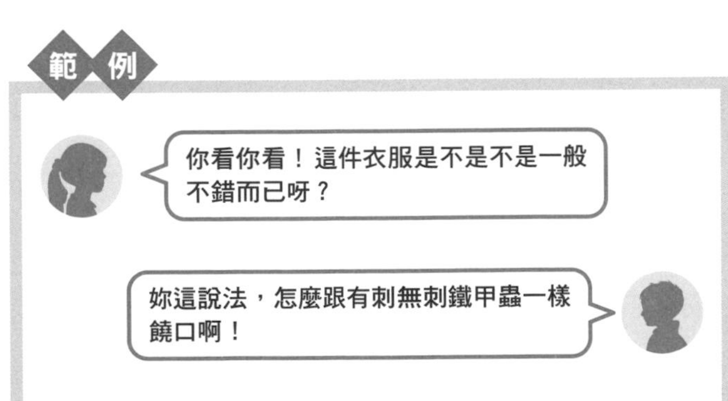

每個人都有過這樣的經驗!?

青木麻里子現象

NO. 03 | 醫學 | 臭屁程度

這個詞聽起來還可真吸睛呢。青木麻里子是誰？各位一定會覺得這是種靈異現象吧！

青木麻里子現象，是指一進到書店就想上廁所（大便）的現象。緣由是1985年，一篇刊登在日本雜誌《本の雜誌》第40期的投稿，有位名叫青木麻里子的讀者表示，「自己只要進到書店，就會莫名產生便意」。沒想到此投稿一出，竟引來大量讀者的共鳴。於是，擔任總編輯的作家椎名誠便在第41期的雜誌中，將這樣的情況命名「青木麻里子現象」，並做了專題報導，使得青木麻里子現象一詞沿用至今。

青木麻里子現象的可能原因如下：

- 書本用紙與墨水的味道會讓人想要跑廁所
- 去了沒設置廁所的書店時，如果想要上廁所會很麻煩，進而產生的精神壓力

・在書店尋找喜愛書籍的行為會使人身心放鬆

其實可以列出不少假設原因，但目前尚無法用醫學角度來解釋此現象，甚至有人對於此現象是否真的存在抱持懷疑的態度。

不過，相信投稿的青木麻里子女士應該萬萬沒想到，自己的名字會在這種情況下廣為人知吧。

唉喲喂啊！剛進到書店就開始肚子痛了啦，難不成這就是青木麻里子現象！

不是喲……應該是你剛剛吃了巨無霸聖代的關係吧。

你有聞過它的味道嗎？

糞人參

NO. 04 

有一種植物，日文漢字寫作糞人參，聽起來就像是被惡搞的名字，但這其實是一種中文名叫「黃花蒿」的**藥用植物**，有著非常多的功效。

植物圖鑑多半會描寫道，黃花蒿的日文之所以叫「糞人參」，是因為它的葉子很臭。不過，實際聞過黃花蒿的葉子後，發現它的味道並沒有那麼讓人討厭，甚至不少人覺得好聞。黃花蒿的英文名叫**sweet wormwood**、**sweet annie**，和日文名相比可說天差地遠呢。我們並不知道黃花蒿為什麼會有個這麼抱歉的日文名，可能是因為以前的人並不覺得它的味道好聞吧。

黃花蒿是早在江戶時代以前便從中國傳入日本的藥草，不過現在已是可見於日本各地的雜草。

黃花蒿日文叫糞人參，不過它並不是人參（譯註：胡蘿蔔的日文漢字寫作「人參」），而是與魁蒿同類，因為葉子長得很像胡蘿蔔葉，所以名字裡才會有「人參」二字。黃花蒿在中藥裡除了常作為解熱等功效使用外，在中國的軍事計畫研究中更發現，黃花蒿的萃取物具備抗瘧效果。發現主要有效成分**青蒿素（Artemisinin）**的科學家屠呦呦，更因此在2015年獲頒諾貝爾生理醫學獎。

明明是這麼厲害的植物，卻被叫作糞人參……。
（’　・ω・）好口憐啊……。

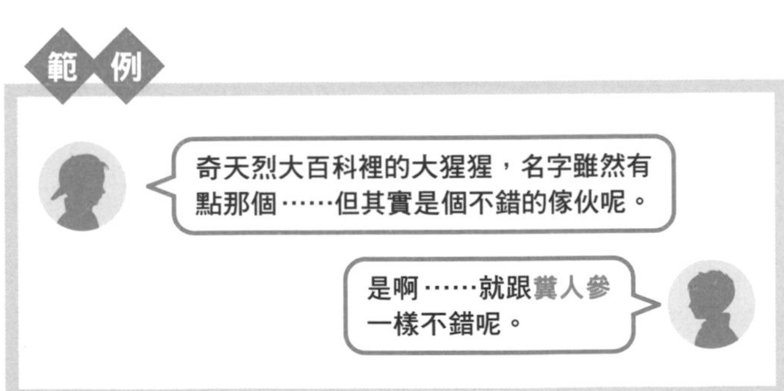

很危險，千萬不要模仿！

曼陀珠噴泉

NO. 05 

這個名稱聽起來簡直就像格鬥遊戲中的必殺技，你第一眼看到時是不是也想大聲吶喊出來呢？

曼陀珠噴泉（又名曼陀珠可樂，Mentos Geyser）是指在寶特瓶裝的健怡可樂中，同時放入幾顆曼陀珠軟糖後，瞬間噴出高達數公尺氣泡的現象，這也是美國的科學老師史帝夫（Steve Spangler）所做過的實驗。「Geyser」是間歇泉（會噴出水蒸汽或熱水的溫泉）的意思。

把曼陀珠放入可樂裡頭後，曼陀珠內含的成分會溶解形成介面活性劑，使水的表面張力變小。如此一來也會破壞掉水分子的結構，導致產生氣泡所需的能量降低。這時，存在於曼陀珠表面的大量細孔就成了製造二氧化碳氣泡的絕佳場所。也因為表面的孔洞產生大量氣泡，使寶特瓶內的壓力急速增加，可樂才會筆直地往上噴發。

其他的碳酸飲料也能形成曼陀珠噴泉，不過就屬健怡可樂的噴泉效果最棒。目前其實還無法確切得知為什麼健怡可樂的噴發程度會比一般可樂更顯著，不過，把曼陀珠放入可樂裡頭是非常危險的行為，各位可別輕易嘗試。

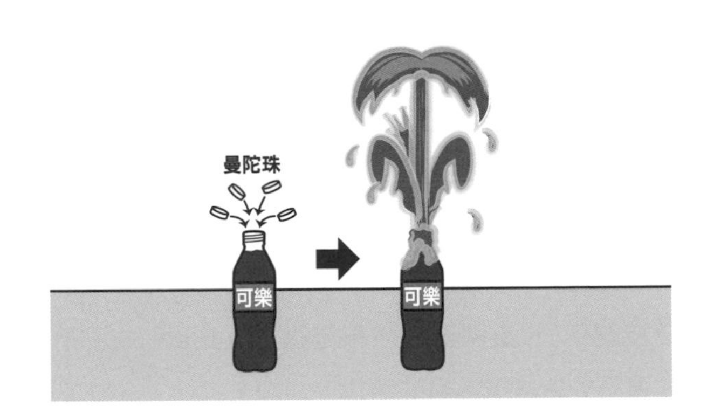

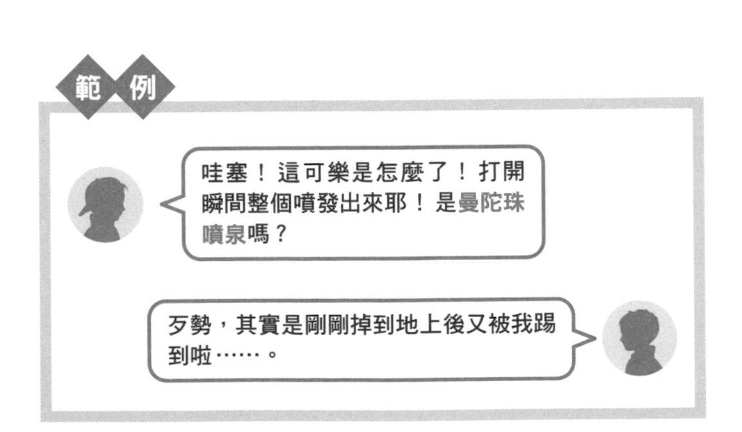

喂！你這是在說誰啊？

Antabuse

NO. 06 | 化學 |

太、太過分了，如果對日本女性說「Antabuse」（譯註：日文諧音為「你很醜」）的話，對方肯定會暴怒。

Antabuse，其實是一種會讓人對酒產生厭惡感的戒酒藥（抗癮劑）。這種藥的名稱是從「anti-abuse」衍伸而來，直譯的話是抗濫用的意思。

一般而言，當酒精進入人體後，首先初步分解成乙醛，接著會代謝成醋酸並且排出體外。可是只要事先服用戒酒藥，藥的成分就會與乙醛結合，使酒精對身體形成強烈反應，因此即便只是飲用少量的酒，也會出現頭痛、噁心等明顯的宿醉症狀。這麼一來就能有效降低喝酒的慾望，因此Antabuse常被用來治療酒癮。

其實，最早是因為橡膠工廠的作業員們在飲酒時，出現類似急性酒精中毒症狀，才發現了Antabuse的存在。學者們透過研究找出引起相關症狀的原因物質，最後更作為戒酒藥運用。

最後再補上一句。

「酒可以喝，但要適量！」

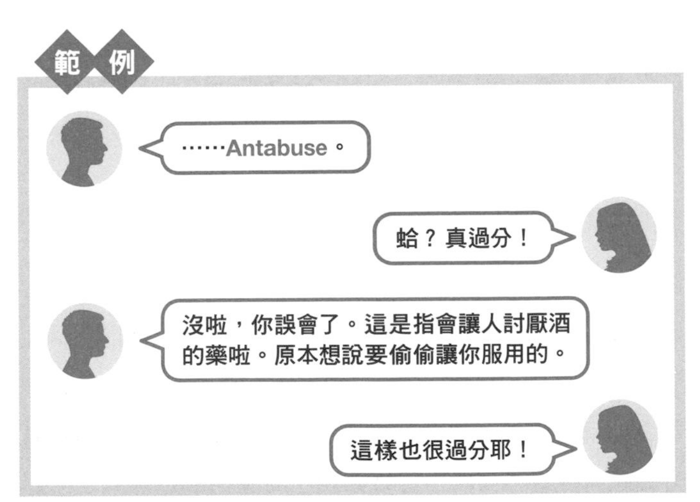

變成愛麗絲！
究竟是該高興還是害怕？

愛麗絲夢遊仙境症候群

NO. 07 醫學 臭屁程度

各位一定心想……咦？真的有這種病名嗎？有的，真的有種病就叫「愛麗絲夢遊仙境症候群」。

愛麗絲夢遊仙境症候群，是一種會讓自己身邊的事物看起來比平常大或比平常小的疾病。好發族群為幼童或小學生，不過有些患者即便成年後也還是會出現症狀。在家喻戶曉的經典故事《愛麗絲夢遊仙境》裡，愛麗絲吃了藥之後身體可以變大或縮小，所以才會把這個病叫作愛麗絲夢遊仙境症候群。

患者不只會對大小產生錯亂，對顏色的認知也會出現異常，比如出現媽媽看起來是綠色的情況。除此之外，有些患者會覺得時間過得很快或變得很慢，甚至以為自己飄在空中，而上述症狀多半會伴隨著偏頭痛。其實，《愛麗絲夢遊仙境》的作者路易斯・卡羅（Lewis Carroll）本身就是名頭痛患者，據說也曾提及自己有過相關經驗。

目前尚無法釐清此病的產生機制，但推估可能原因為腦中負責主宰空間認知與運動的「中顳區」（MT／V5）異常所致。

不過，絕大多數的患者都只會出現短暫性的症狀，所以無須太過擔心。

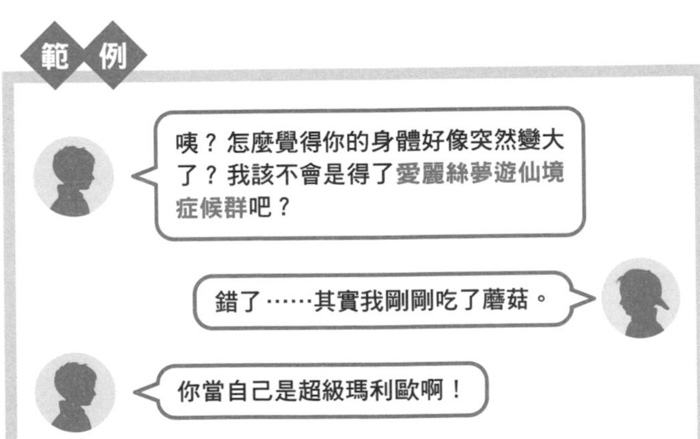

可沒有耍花招喲～

鉛筆彎曲錯覺

NO. 08  

這名稱就像是一種戲法般的響亮。如果在聯誼場合說「我能把鉛筆變彎」，受歡迎程度說不定會變3.7倍呢。

鉛筆彎曲錯覺，是指握住鉛筆等筆類的單側，慢慢甩動時，筆就會扭曲變得跟橡膠一樣，所以英文名叫 Rubber pencil illusion。

這是由任職於孕育諾貝爾獎的搖籃——美國萊斯大學的心理學家，波默蘭茨（James R. Pomerantz）在1983年的論文中所發表的現象。

握住鉛筆單側並上下甩動時，鉛筆每個部位的擺動速度都不同，所以鉛筆看似靜止的狀態（＝從上方移動到下方）就會出現時間差。這時，人類的視覺會把鉛筆看似靜止的部分連接起來，所以鉛筆看起來就像是變彎曲。「錯覺」其實也能用科學來解釋喲。

另外，還有一種錯覺叫作**橡膠手錯覺**（Rubber hand illusion）。在手的前方擺放橡膠手套，接著催眠自己「這是我的手」，人腦就會認定「連同手套的部分都是自己的手」，這時如果做出破壞手套的舉動，自己還會不由自主把手縮回。我們的腦部其實還蠻容易受騙上當呢。

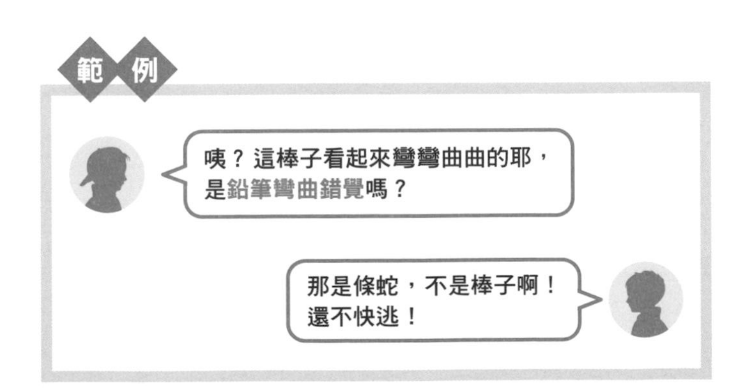

能夠有無限多的組合？

六質數

NO. 09 | 數學 | 臭屁程度

六質數的英文Sexy primes，會讓人不禁抱有很多期待呢……那你可要失望了，因為這個詞跟Sexy性感一點關係也沒有（笑）。

六質數，是指相差6的質數組合。比如：

（5, 11）、（7, 13）、（11, 17）、（13, 19）、（17, 23）、（23, 29）......

六質數（Sexy primes）是源自拉丁文的六「sex」。但目前並不知道六質數是否無限存在。

另外，還有既是質數三元組（p, p＋6, p＋12），且p＋18不是質數的「六質數三元組」。Sexy primes三元組聽起來就像性感三胞胎，好吸引人啊（妄想中）。

（7, 13, 19）、（17, 23, 29）、（31, 37, 43）、（47, 53, 59）......

對了，像（3, 5）、（5, 7）、（11, 13）、（17, 19）一樣，「相差2的質數組（p, p＋2）」又名為「**孿生質數**」（Twin primes），像（3, 7）、（7, 11）、（13, 17）、（19, 23）一樣。至於「相差4的質數組（p, p＋4）」則稱為「**表親質數**」（Cousin primes）。

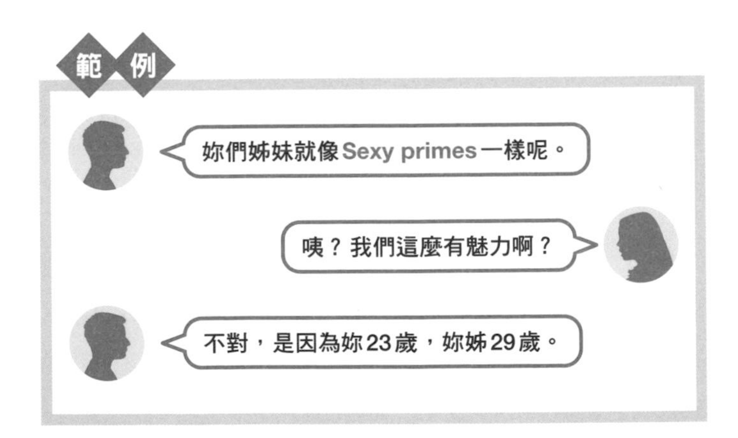

圍成圓圈來跳舞吧！

Cycloawaodorin

NO. 10 | 化學 |  臭屁程度

Cycloawaodorin這個詞，在日文片假名是寫作「シクロアワオドリン」，聽起來就像阿波舞的諧音，感覺好歡樂，各位有沒有開始不自覺地擺動起身體呢？

其實，**Cycloawaodorin**是一種名為環狀寡糖的有機化合物。可分成由6個L-Rhamnose（鼠李糖）所組成的α-cycloawaodorin，和7個L-Rhamnose所組成的β-cycloawaodorin，是1991年德島文理大學醫學系教授──西澤麥夫的研究團隊所提出的物質。而成功合成出Cycloawaodorin的研究人員，正是當時還只是碩士生的今川洋（現為德島文理大學醫學系教授）。

會取作如此特別的名稱，是因為Cycloawaodorin的結構看起來就像是在跳「阿波舞」。姑且不論西澤教授看了結構後有沒有覺得「很像在跳阿波舞」，但我看這形狀的確還蠻像的呢……。

Cycloawaodorin能夠保留住辛辣成分，所以有時會加入芥末醬中，藉此維持風味。

另外，名稱和阿波舞有淵源的除了Cycloawaodorin外，還有阿波尾雞。**阿波尾雞**是飼養在德島縣的雞隻品種，以在地雞種（日文稱為地雞）、品牌雞種的出貨數來看，阿波尾雞可是力壓名古屋交趾雞、比內地雞等知名品牌雞，榮登冠軍寶座呢。

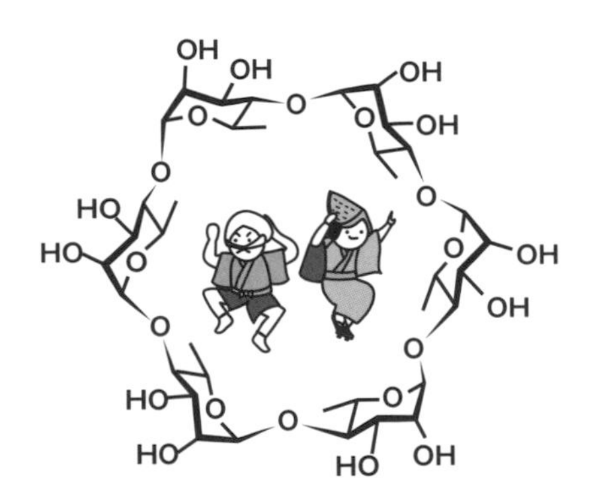

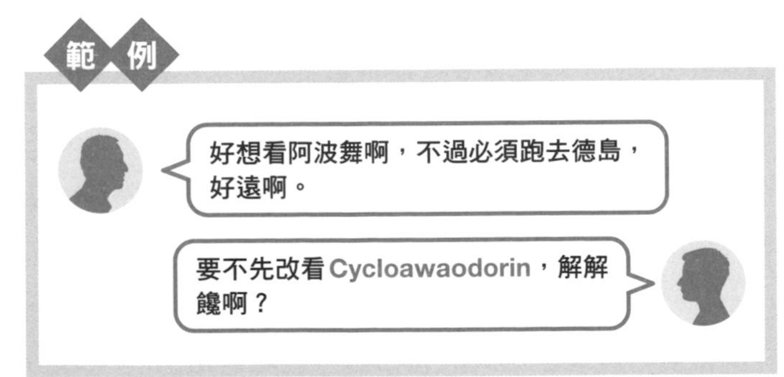

別被幻覺給騙了！

幽靈震動症候群

NO. 11 醫學 臭屁程度

聽到幽靈震動症候群（Phantom vibration syndrome）裡的「phantom」這個字，就讓人莫名覺得很酷呢！感覺像是能夠迷幻對方的咒語。

幽靈震動症候群是一種手機明明沒有震動，卻覺得它在震動的錯覺，也可以稱作「**幻想震動症候群**」。

對於已經習慣將手機設定震動功能的現代人而言，相信不分上班族或學生，都曾有過這樣的經驗。特別是當自己很在意有沒有來電或訊息通知時，更是容易出現錯覺。不過也有人認為，幽靈震動症候群是心理壓力因素所造成。不僅如此，這也是手機成癮症、手機中毒患者會出現的症狀之一。據說只要隨興地改變手機的擺放位置，將有助減緩錯覺的產生。

美國喬治亞理工學院的哲學副教授羅森伯格（Robert

Rosenberger）調查後發現，有將近九成的大學生都有過這類錯覺。

另外，明明沒有來電，卻出現手機在響的錯覺現象，則稱為「**幽靈鈴聲**」（phantom rings）幻聽。

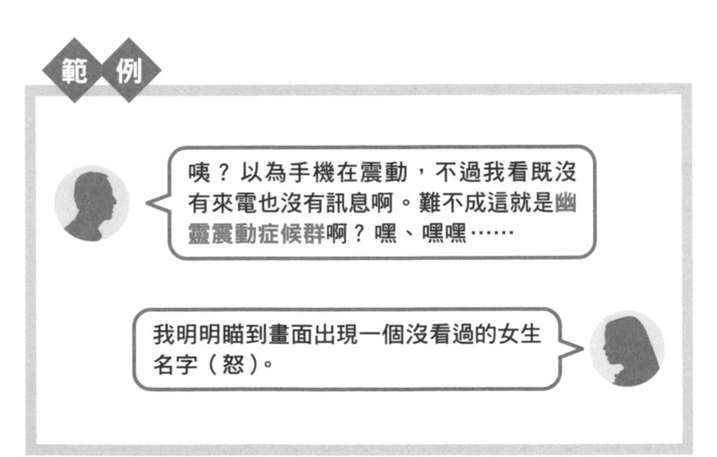

8隻腳？還是10隻腳？

章魚烏賊

NO. 12 | 生物 | 臭屁程度

章魚烏賊到底算是章魚？還是烏賊啊？這個問題可讓我工作時的睡意全消了（所以平時都在睡嘛）。

章魚烏賊是頭像烏賊，身體卻長有章魚腳的海中生物。這種生活在日本海中的生物，正式名稱叫「マッコウタコイカ」，也稱為抹香章魚烏賊，因為是在抹香鯨的胃裡發現這種生物的存在。以分類上來說，章魚烏賊不是章魚，而是烏賊的同類。另外，像烏賊或章魚這類頭直接與腳相連的軟體動物，在分類上都屬於頭足類動物。

章魚烏賊的長度約為25公分，和章魚一樣有8隻腳。牠原本和其他烏賊一樣，都有10隻腳，不過其中2隻名為觸腕的腳隨著生長而消失，最後剩下8隻腳。

章魚烏賊主要棲息於日本海與北海道東岸，屬於可食用海鮮。各位一定也很好奇章魚烏賊的味道如何。既然是烏賊的同類，嘗起來當然就像烏賊，而不是章魚囉。章魚烏賊的肉質厚實軟嫩，聽說用炸的或做成沙拉都很好吃。

對了，還有一種看起來既像烏賊，又像章魚的章魚，名叫**毯子章魚**（Blanket Octopus）。因為它的外觀看起來太水嫩，較少被拿來食用，不過聽說只要選對烹調方式，還是非常美味呢！

那位選手上半身很結實，充滿肌肉，下半身卻很單薄呢。

是啊。感覺上下半身不是同個人，就像**章魚烏賊**一樣。

人會不自覺地尋找人呢

擬像現象

NO. 13 醫學 臭屁程度

擬像現象……光唸出來感覺舌頭都要打結了呢（笑）。

擬像現象（Simulacra）是指當眼前畫面存在三個點與線條的時候，人腦的辨識機制就會讓這些點與線條看起來像是一張人臉，也稱作類像現象。英文「Simulacra」是指「像」的意思。

的確……有時候車頭的部分、三隻在天空翱翔的鳥，看起來都像是張人臉呢。這個現象也讓不少照片看起來就像靈異照片。

據說人類的大腦在處理透過眼睛看到的影像時，有一種細胞會特別針對三個物體排列而成的結構產生反應。為什麼會有這樣的機制呢？根據目前較具有公信力的說法，是因為這樣的大腦機制能夠幫助人們儘快察覺敵人蹤跡，從而提高生存的可能性。

另外，把雲看成動物、牆上的斑紋看起來像是人臉、動物叫聲聽起來像是人的聲音，這類將對象物誤認成其他事物的現象則稱為**幻想性錯覺**（也稱為「空想性錯視」，Pareidolia），擬像現象便是其中之一。表情符號能夠看起來像是人臉，也是受擬像現象的影響喲（*^▽^*）。

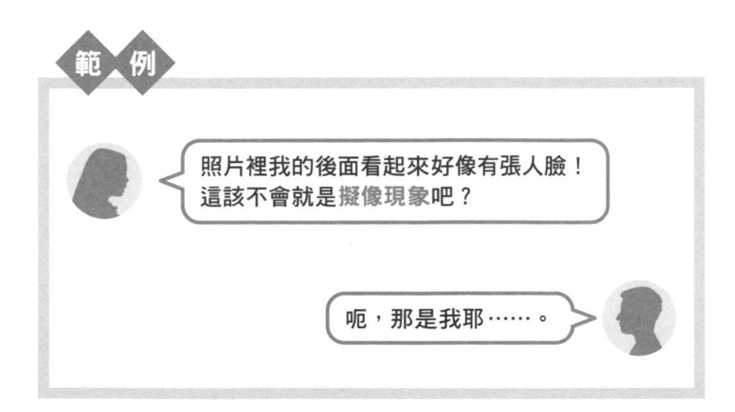

連自由女神也遭殃

伽凡尼腐蝕

NO. 14 化學 臭屁程度

乍看伽凡尼腐蝕的英文「Galvanic corrosion」，不禁會讓人聯想到使出大爆炸的必殺技。各位是不是也想大聲呼喊了呢？

當不同種類的金屬在水中或電解質水溶液中相遇時，**離子化傾向**（變成陽離子的難易度）較大的金屬會形成負極，較小的則形成正極，進而產生電流，並開始腐蝕負極端的金屬。這個現象便稱為**伽凡尼腐蝕**或**異金屬腐蝕**。

英文名稱裡的「galvanic」，其實就是指和伽凡尼電池有關的那位義大利醫師伽凡尼（Luigi Galvani），「corrosion」則是「腐蝕」的意思。

我們日常生活中也有常見的例子，那就是鋁窗的鋁合金和不鏽鋼螺絲接觸後會出現伽凡尼腐蝕，導致較容易轉成陽離子的鋁合金腐蝕後形成白色粉末狀的氧化鋁。

1980年代，美國的自由女神像也曾遭遇伽凡尼腐蝕。想要預防腐蝕發生，除了可以在金屬間夾入橡膠等絕緣體之外，也可以在金屬表面塗上填縫劑或矽利康，將金屬與金屬之間做好絕緣處理。

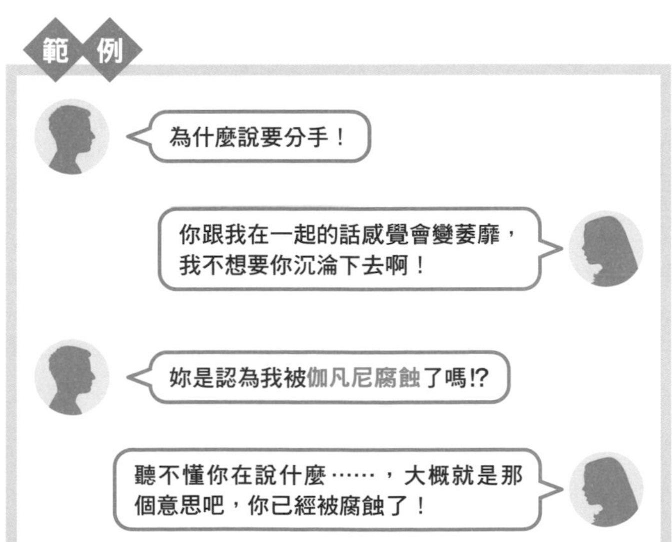

還真想準備個一兩個呢

解剖鼻煙盒

NO. 15 醫學 臭屁程度

這名字真讓人摸不著頭緒呢。話說回來，「鼻煙盒」是什麼玩意兒啊？

解剖鼻煙盒（Anatomical snuff-box），是指拇指上翹時，在拇指基部所形成的三角凹窩。

「鼻煙盒」如同其名，是種不用點火，用鼻子就能吸嗅的香煙。因為使用時需要將煙草粉末放在凹窩處，再湊上前吸嗅，所以才會得名解剖鼻煙盒。

對了，《嚕嚕米》裡頭的阿金（Snufkin），這個角色的名字據說就是源自英文的鼻煙（snuff）。不過不管是《嚕嚕米》的原著或漫畫裡，阿金並沒有使用鼻煙盒，而是抽煙斗喲。

手部的關節中，有個名叫**舟狀骨**的骨頭，由於本身比較柔軟，所以算是很容易骨折的部位。在觸診舟狀骨時，只要輕輕壓著解剖鼻煙盒，就能摸到舟狀骨。

不過，有些肥胖者可能會找不到這個三角凹窩。話說，你有找到自己的解剖鼻煙盒嗎？

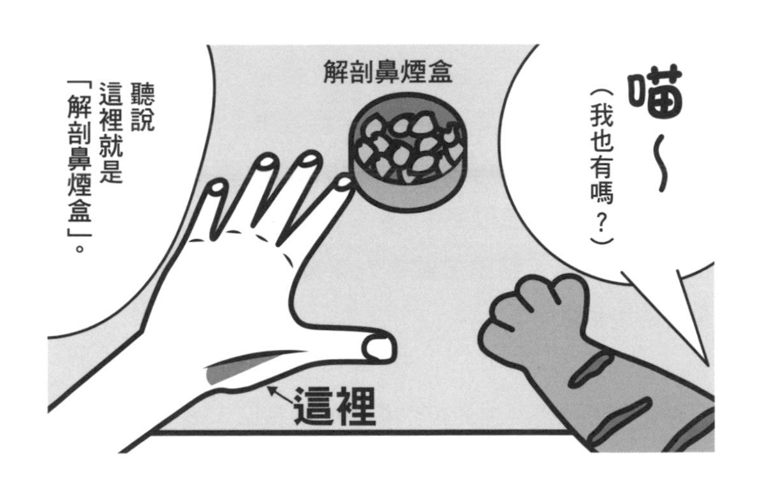

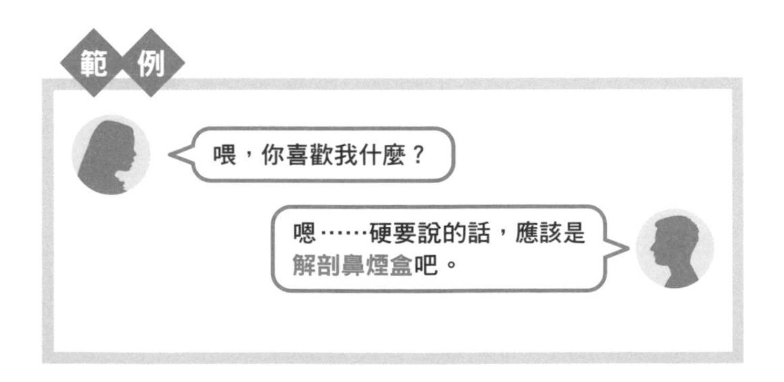

少了它就不會有現在的地球!?

叢枝菌根菌

NO. 16 | 生物 | 臭屁程度

叢枝菌根菌的日文寫作「アーバスキュラー菌根菌」，由英文「arbuscule」與漢字組合而成。其中英文讀音的中二感，以及「菌根菌」（きんこんきん）聽起來就很滑稽的日文發音，都讓這個字充滿吸引力！這也是我個人最愛的用語之一。

叢枝菌根菌是共生於植物根部的菌根菌，是一種菌類。這種菌會將土壤中的養分和水分供應給植物，幫助植物生長，植物則會將光合作用所產生的糖類傳遞給叢枝菌根菌作為回報。像這樣藉由雙贏，彼此合作共生的模式就稱為**互利共生**。據說叢枝菌根菌甚至能與地球上超過80%的植物共生呢。

除此之外，叢枝菌根菌還能加強植物對病原菌的抵抗力，提升對食葉昆蟲的抵抗力，以及強化對土壤中鹽分或重金屬的抵抗性，帶來非常多的好處。

在約莫4億年前的原始蕨類植物根部化石中，也發現了叢枝菌根菌的存在。由此便可發現，在演化過程中，根部較不發達的水生植物將版圖擴張至陸地時，可能就是將菌根菌的祖先當成自己的根部。

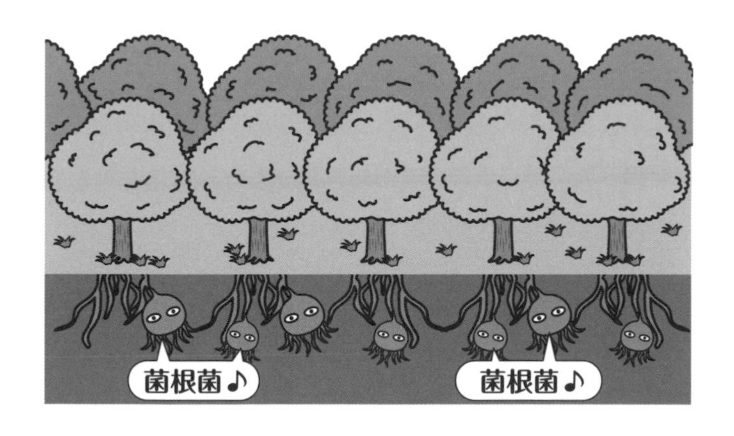

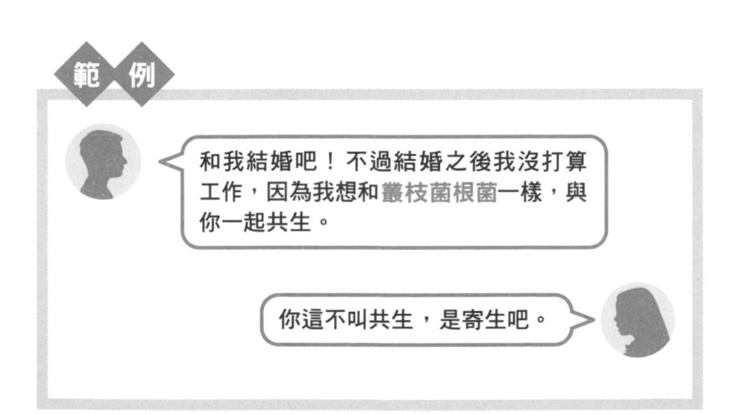

這東西會決定你的地位高低!?

階級調節費洛蒙

NO. 17 | 生物 | 臭屁程度

費洛蒙是有聽說過，不過「階級調節」這個詞可就有聽沒有懂了。

階級調節費洛蒙，是蜜蜂蜂后或白蟻蟻后會分泌的一種費洛蒙。

蜂后的階級調節費洛蒙──**蜂王質**（queen substance）能夠抑制其他蜜蜂的卵巢發育，使得其他雌蜂無法產卵。如此一來，其他雌蜂就沒有辦法挑戰蜂后的地位，全部都只能擔任工蜂的位階與職責。由此看來，不難想見階級調節費洛蒙對於蜜蜂階級社會的形成與維繫，可是有著千絲萬縷的關係呢。

不過，一旦蜂后死掉的話，就無法繼續為整個蜂巢提供階級調節費洛蒙，這時在工蜂或幼蟲之中可能又會誕生新的蜂后。

為了競逐新任蜂后的寶座，工蜂與幼蟲們甚至不惜展開一場激烈的生存鬥爭。這一點也完全展現出弱肉強食的社會樣態呢。

範例

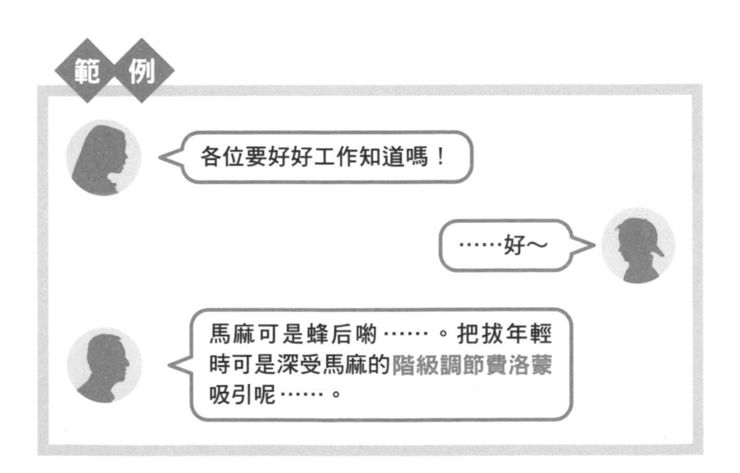

比吹牛男爵還難搞

代理型孟喬森症候群

NO. 18 

各位是否曾聽過這個用語？所謂的「代理型」，究竟是指什麼的代理呢？

罹患**代理型孟喬森症候群**的人，會捏造生病或受傷等情節，藉此吸引旁人關注的疾病，屬於精神疾病**孟喬森症候群**的其中一種表現。這個名稱源自於德國寓言《吹牛男爵歷險記》的主角，而小說中的主角原型，其實取材自真實的歷史人物──德國的孟喬森男爵。

代理型孟喬森症候群，與一般孟喬森症候群的不同之處，在於受害的對象不是患者本身，而會是身邊的親屬。這種疾病常見於有小孩的女性身上，而且她們傷害的對象多半是自己的孩子。

代理型孟喬森症候群患者所做的一切，並不是為了傷害對象本身，而是希望表現出自己很英勇，極力幫助受害對象，藉此博得周遭的關注與同情，達到自我滿足的目的。

在1970～1980年代，美國德克薩斯州有位準護士瓊斯（Genene Jones），疑似殺害約60名的嬰幼兒，因此被全球媒體冠上「死亡天使」之名。這聽起來雖然非常恐怖，但有人認為瓊斯可能患有代理型孟喬森症候群。

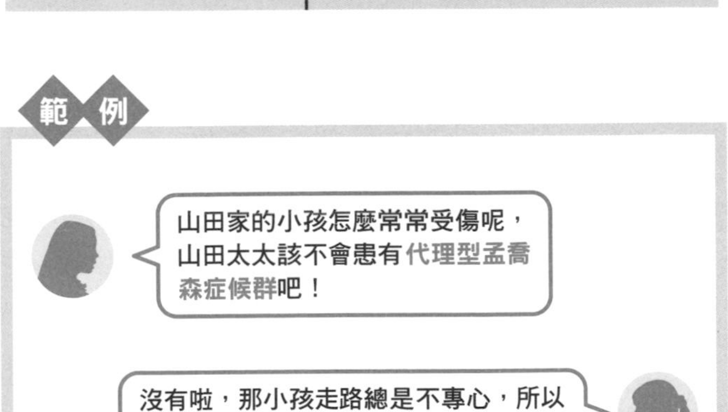

就是那隻寶可夢！

皮卡丘素

NO. 19 | 生物 |  臭屁程度 

這名稱實在太可愛，讓人不由自主想大喊「皮卡——」呢！還有，英文「Pikachurin」後面的「churin」發音聽起來也好美啊。

皮卡丘素其實是一種與視覺神經傳遞有關的蛋白質（或基因），是由日本大阪生物科學研究所古川貴久的研究團隊，在實驗鼠身上發現了皮卡丘素的存在。

皮卡丘素有個非常重要的功能，那就是將眼睛所接收到的光線刺激轉變成電氣訊號，並傳遞至腦部。另外，皮卡丘素對於動體視力的優劣表現也有很大的相關性。其實，這個名稱就是源自於《寶可夢》中，能夠發光掌控電能且快速移動的角色「皮卡丘」。

缺乏皮卡丘素的老鼠，傳遞訊號的時間會是正常老鼠的3倍，甚至會出現目光追不上移動物體等視覺異常症狀。

古川在受訪時表示：「像鈴木一朗這般動態視力極佳的運動選手，皮卡丘素的表現或許就不同於其他人。」

我們也期待未來能夠結合iPS（誘導性多功能幹細胞），將皮卡丘素應用在製造感光細胞的再生醫學上，甚至進一步釐清為什麼肌肉失養症患者會出現視網膜異常等問題，將皮卡丘素投入更廣泛的範疇加以應用。

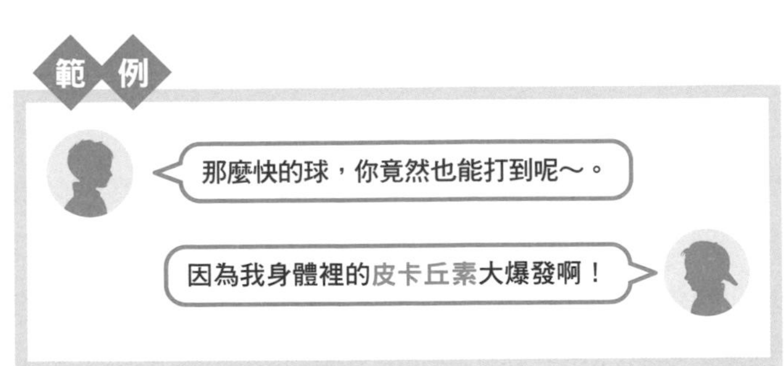

會有怎樣的後續發展呢……

乳狀雲

NO. 20 | 地科 | 臭屁程度

乳狀雲的日文是「乳房雲」，聽起來會讓人小鹿亂撞呢（笑）。各位，我可沒有想歪喲！

乳狀雲是指底部下垂如袋狀的雲。看起來就像是很多下垂的乳房，所以名為乳狀雲。由於層狀雲上方較冷，使雲的內部形成對流，而沉降的部分看起來就像是往下膨脹一樣，才會出現袋子般的形狀。乳狀雲較常出現在**積雨雲**，不過人稱綿羊雲的**高積雲**、像一層層田畝的**層積雲**、像被刷子刷過形狀細緻的**卷雲**，以及像沙丁魚成群游泳，人稱沙丁魚雲的**卷積雲**，都還是有機會看到乳狀雲的蹤跡。

出現乳狀雲，就表示可能會發生劇烈的下沉氣流，下沉氣流會伴隨著大雨、打雷、下冰雹等極端天氣型態，必須特別留意。在地域遼闊的美國，人們非常害怕乳狀雲的出現，這代表可能會出現龍捲風。乳狀雲（Mammatus）的英文又名為cotton ball clouds（棉花球雲）。形狀看起來的確很像一團團膨軟的棉花球呢。

另外，還有一些名字很特別的雲，像是常見於日落後或日出前的**夜光雲**、閃耀著七彩顏色的**彩虹雲**、積雨雲上方呈平坦狀的**砧狀雲**、巨型積雨雲的**超級雷雨胞**（Super Cell）、外觀有如驚滔駭浪的**波濤洶湧雲**（Undulatus Asperatus）、因**克耳文－亥姆霍茲不穩定性**（Kelvin-Helmholtz instability）所產生，上方呈鋸齒狀的雲，又或是像巨大捲筒般的**陣晨風雲**（Morning Glory）。

哇，是**乳狀雲**耶。好多好多，多到看起來都不像乳房了。

你倒是很一派輕鬆啊！還不趁下大雨前趕緊回家！

你是哪種變態呢？

完全變態／不完全變態

NO. 21  臭屁程度 

這裡的「變態」，並不是指「警察先生，人在這裡！」的那種「變態人物」。

完全變態是指昆蟲幼蟲結蛹後變成成蟲，像蝴蝶、蜜蜂、蒼蠅、獨角仙、鍬形蟲，都屬於會完全變態的昆蟲。

相反地，**不完全變態**是指昆蟲幼蟲沒有結蛹，直接就變成成蟲，又名叫半變態。像蟬、蚱蜢、螳螂、蟑螂就是不完全變態的昆蟲。這類昆蟲不是什麼怪怪的變態，所以就算看見了牠們也不需要報警喲（笑）。

目前雖然尚無法得知為什麼昆蟲會藉由完全變態的形式變成成蟲，不過從演化的過程來看，有些說法認為昆蟲是透過結蛹的方式，來度過寒冷的季節。

完全變態會在青春激素（Juvenile Hormone）與前胸腺

激素（Prothoracicotropic Hormone）的作用下啟動，而完全變態又可以進一步依變態的程度，細分為**原完全變態**（Eoholometaboly）、**真完全變態**、**多變態**、**過變態**、**隱變態**，根本就是多到滿出來的變態啊⋯⋯。

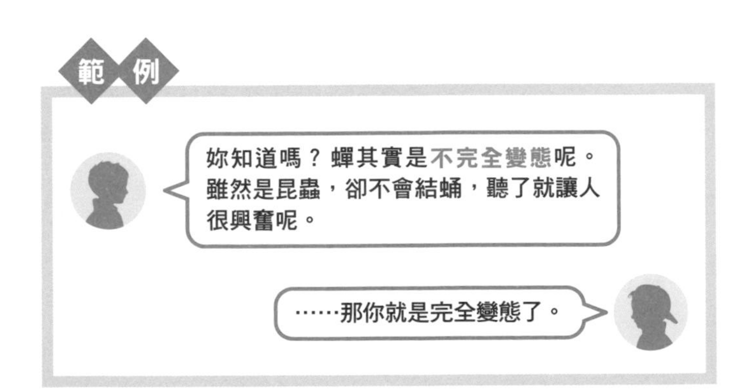

理科不思議①

別人寫的程式看起來就像暗號文。

穿排釦衫的機率高到嚇人。

會把房間總是髒亂這件事歸咎於熵增定律。

總讓人覺得心算很厲害。

總讓人產生很懂機械的印象。

竟然比文組更需要用到英文。

視工程型計算機為神。

買化妝品時，第一步是確認裡頭成分。

和醫學系的同學去吃燒烤，會脫口說出「這是橫隔膜」、「那裡是肋間肉」。

據說會用無塵擦拭紙擤鼻涕呢。

第2章

超適合拍電影！聽起來就很潮的用語 19

能看見所有未來!?

拉普拉斯的惡魔

聽起來感覺很恐怖卻也很吸引人呢！各位是不是也想用在日常對話當中呢？

拉普拉斯的惡魔是法國數學家皮耶－西蒙・拉普拉斯（Pierre-Simon Laplace）在自己的著作中，提到有種超越性的存在，能夠完全預測未來。這個存在又被稱為「拉普拉斯的惡魔」。拉普拉斯在其著作《機率的分析理論》中提出下述主張。

「如果能夠知道某一瞬間作用在所有物質上的力與力學狀態，並同時具備分析這些數據的知識，那麼沒有任何事物會是含糊的，而且還能夠看見未來的一切。」

簡單來說，無論是多麼複雜的事物，只要能夠精準掌握位置、作用在該位置與事物上的外力，就可以得知會出現怎樣的變化。這也意味著，假若具備分析這些數據的能力與知識，那麼自宇宙開始運轉起，所有事物的未來便已是定局，因此能夠完全預測未來——這就是拉普拉斯所提出的看法。

不過，在拉普拉斯死後問世的量子力學中，提出了「**測不準原理**」，也就證實「不可能同時精確測量出原子的位置和動量」，因此目前拉普拉斯的惡魔已遭否定。

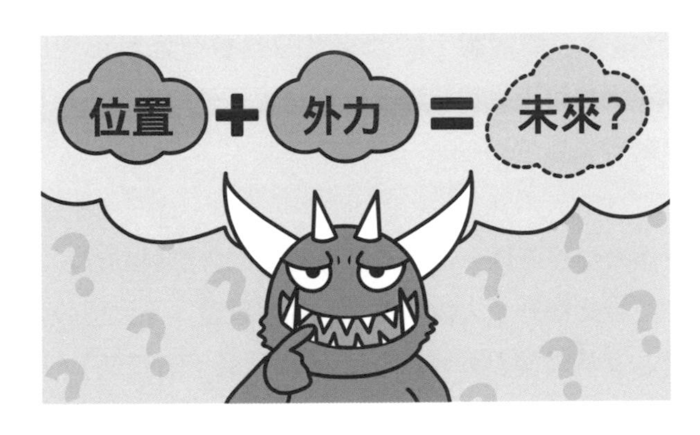

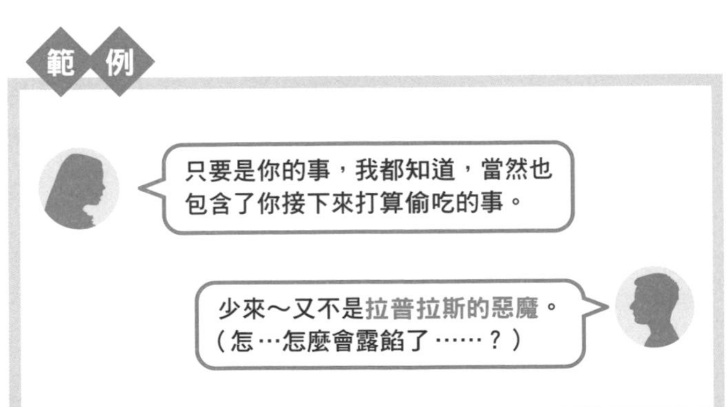

只要跨越山谷，討厭就會變喜歡？

恐怖谷理論

NO. 23 

「恐怖谷」這個詞，聽起來就像是會有怪獸出現的山谷，不過這可不是某個地名，當然也不是指會營造出恐怖氣氛的谷先生。

所謂**恐怖谷理論**，是指人形機器人的外形與動作和人類相似，因此提升了人類對機器人的好感度，不過這股好感度會在某個時間點轉變成強烈的厭惡感（詭異感），接著當人發現機器人根本就等同於人類時，好感度又會重新回升。將此現象數值化並用圖形呈現的話，看起來就像是個山谷，因此東京工業大學名譽教授森政弘等人便命名為「恐怖谷理論」。

其實，所謂的恐怖谷理論，就是指人類在面對近乎真實人類的事物時，所感受到的詭異感與不協調感。

目前其實尚無科學根據，能夠解釋為何人類會對和自己相似的事物感到厭惡，卻又會隨著相似度的提升而重新喜歡上同一件事物。有一派說法認為，這或許是出自於人類「對於未知的不安」，因為無法分辨對象是否為人類。

不過，2015年由日本3D CG設計師夫妻檔——石川晃之與石川友香所打造的女高中生Saya，卻因為實在太像真的人類，被認為「已跨越了恐怖谷！」而引起話題。

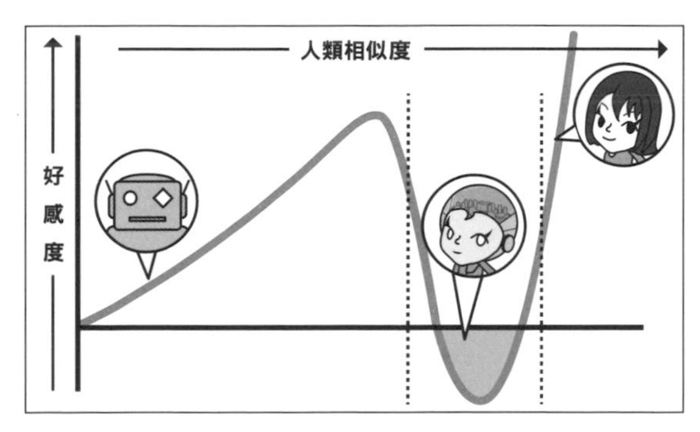

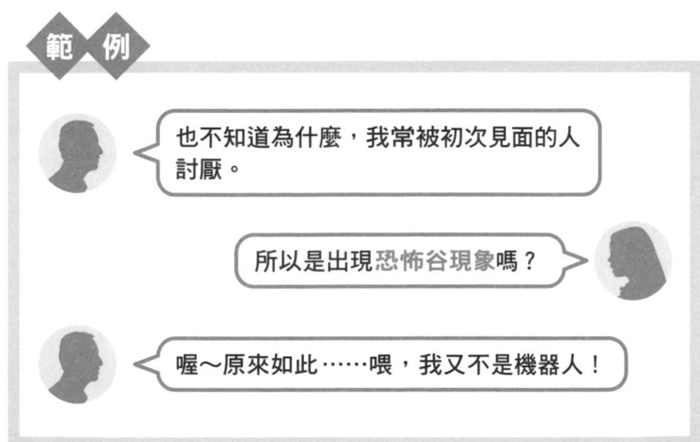

只知道明亮的太陽怎麼夠呢……

黯淡太陽悖論

NO. 24 | 地科 | 臭屁程度

這名稱聽起來很能夠吸引有中二病的人呢，感覺也可以作為《獵人HUNTER×HUNTER》裡的念能力。

「黯淡太陽之悖論！」
——讓敵人周圍的所有空氣瞬間燃燒，然後殺死對方。
之類的……。

黯淡太陽悖論（Faint Young Sun Paradox），又稱為年輕太陽黯淡佯謬、弱陽弔詭，是用來陳述一個矛盾狀況的用語。最初是用來指出40億年前的太陽，亮度約莫只有目前的七成，這樣的太陽亮度其實無法提供足夠的熱能，照理說整個地球應該都會結凍才是，可是實際上卻並非如此。Paradox就是「**悖論**」的意思。

不過，有個假說能夠解釋這個矛盾。那就是地球最初形成時，大氣層可能含有比現在更多的溫室氣體（例如二氧化碳、甲烷等）。2017年，美國喬治亞理工學院的尾崎和海等人曾在論文中提到，假設當時地球大海中存在著「產氫光合作用細菌」與「鐵氧化光合作用細菌」這兩種能夠進行特殊光合作用的細菌，就能產生大量的甲烷氣體。如此一來，就算太陽熱能不足，地球也不至於結凍。

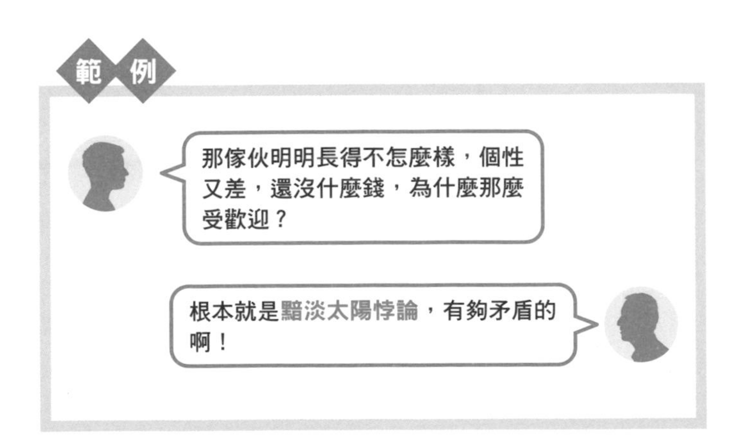

傳說中的剃刀嗎？

奧坎剃刀

NO. 25 | 數學 | 臭屁程度

這是遊戲名嗎？還是某種暗殺用的可怕武器啊……？

奧坎剃刀其實是一項原則，那就是在說明某樣事物時，不應做過多的假設；或者是存在多個解釋事物的理論或定律時，要採用比較簡單的那個。14世紀英國哲學家奧坎的威廉（William of Ockham）常應用此原則，所以才會得名為「奧坎剃刀」。這個詞的「剃刀」，其實是意指去除不必要的要素。奧坎剃刀亦被稱為簡約法則、思維節約定律、科學單純性定律、吝嗇定律。

從統計學的角度來看，當我們取得一筆測量數據時，只要統計模式愈複雜，基本上就能愈完整地說明相關的數據。不過，模式一旦太過複雜，不僅會讓計算變得困難，還有可能會被過去的數據所侷限住，以致於無法充分解說未來的數據。

為了避免遭遇這樣的問題，便出現了幾個基準，讓人在充分解析測量數據的同時，盡可能地選擇單純模式。在這些基準原則中，「奧坎剃刀」可說是穿越時空，從中世紀持續傳承至現代的道理呢。

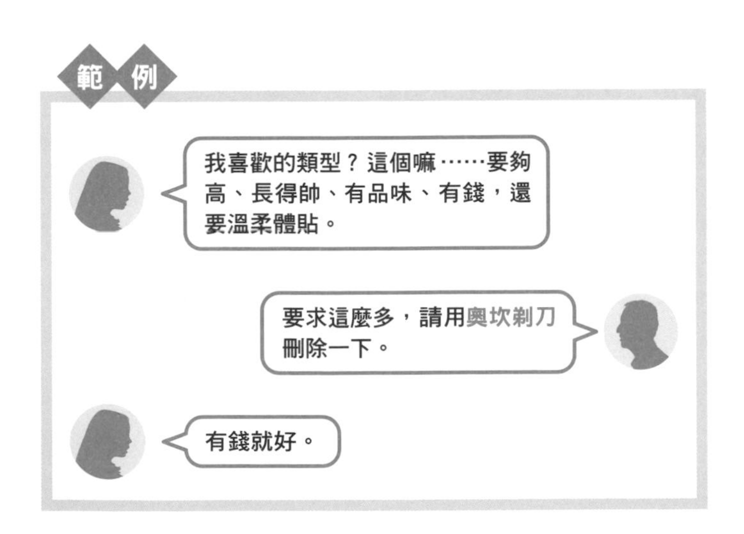

在這裡集合嗎!?

拉格朗日點

NO. 26 | 地科 | 臭屁程度

「拉格朗日點」是最新流行的甜點名字嗎？還是什麼時尚品牌啊？

其實，**拉格朗日點**（Lagrangian point，也稱L點）是指兩個同軌道的天體以相同的週期運轉時，位於軌道上的五個點。能夠用來表示地球、月亮（或是太陽與地球等其他組合），以及另一個天體重力處於平衡狀態的位置。因為其中一位發現者是法國數學家拉格朗日（Joseph-Louis Lagrange），所以名為拉格朗日點。

假設有第三個天體位於拉格朗日點，此時這個天體與其他兩個天體之間的重力會相互抵消，因此便能持續停留於所在的位置（從另外兩個天體所見的相對位置）。

地球與月亮之間的拉格朗日點，還被列入建設太空站或宇宙都市的合適地點清單中。就連《機動戰士鋼彈》裡也有提到拉格朗日點，所以頗具知名度呢。

順帶一提，提出在拉格朗日點建造宇宙都市，藉此使都市軌道保持穩定此一構想的人，則是美國的物理學家傑瑞德・K・歐尼爾（Gerard K. O'Neill）。

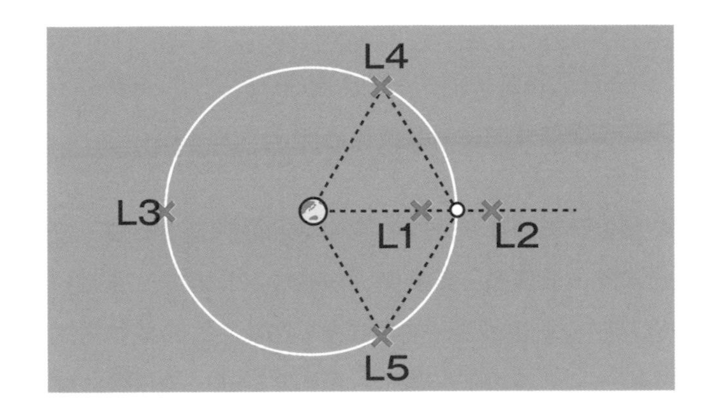

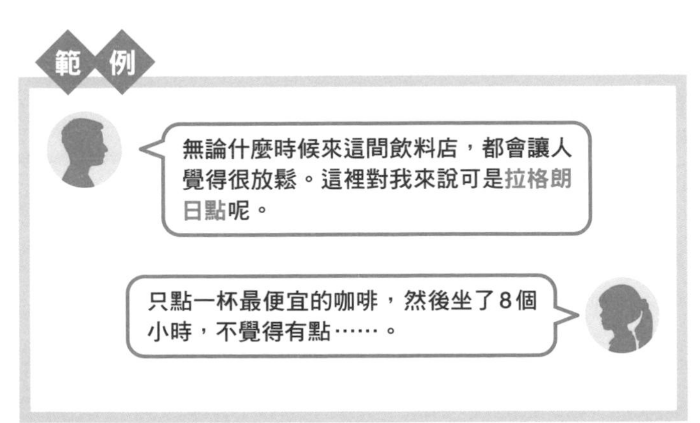

要清楚分辨黑白！

全有全無原則

NO. 27   

「到底是有還是沒有，可別給我模稜兩可的答案！」這種果斷的性格好像道地的東京人呢。

全有全無原則其實是與刺激強度和反應程度有關，又名為悉無律、皆無律，英文則寫作All or Nothing。是指一條神經細胞或肌纖維所接收到的刺激如果低於某個強度的話，將完全不會出現反應；可是一旦超過該強度時，就算再怎麼劇烈的刺激，出現的反應程度也不會改變。這個原則是1871年由美國生理學家亨利・P・鮑迪奇（Henry Pickering Bowditch）所提出。

不過，全有全無原則要成立必須有個前提，那就是只能有一條神經細胞或肌纖維。在數量為複數的情況下，整體而言這項原則將無法成立。因為每個細胞的刺激強度下限值（閾值）不盡相同，所以當刺激逐漸變強時，出現反應的細胞數也會慢慢增加。神經與肌肉裡存在著複數個細胞，也因為全有全無原則的機制作用，才能傳遞出強弱不一的刺激，讓肌肉收縮出現程度上的差異。

不過，在只有一條神經細胞的情況下，刺激強度的呈現會轉換成反應的頻率。

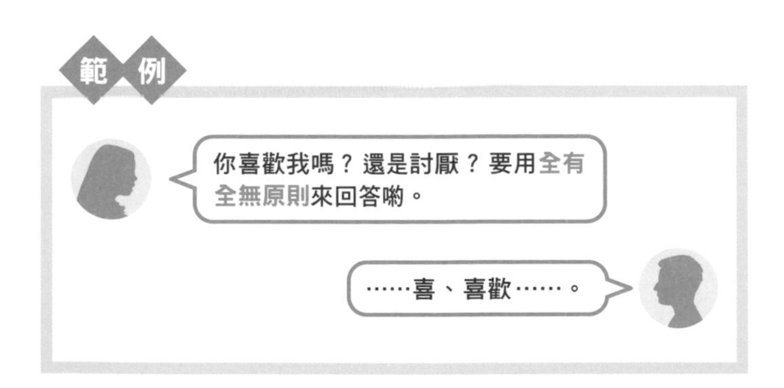

究竟能篩選出什麼？

埃拉托斯特尼質數篩選法

NO. 28 

這就像是會出現在希臘神話裡的特殊名稱，聽起來很知性呢！如果能夠知道怎麼用在對話當中，一定會讓人覺得自己很聰明。

埃拉托斯特尼質數篩選法，是一種能找出某個整數內所有質數的方法。由古希臘學者埃拉托斯特尼所提出，所以才會有這樣的命名。「**質數**」是指比1大的自然數（正整數），且無法被1和此整數以外的其他自然數整除。

篩選步驟如下：

① 先將2到n的整數由小到大排列。

② 把最前面的數字移至質數列表中，接著以其倍數作篩選刪除。

③ 重複②的步驟，直到最前面的數字達n的平方根。

④ 將剩餘的數字放入質數列表中即可完成。

舉例來說，當n＝12時，

① 2,3,4,5,6,7,8,9,10,11,12

② 質數列表 {2}

3,~~4~~,5,~~6~~,7,~~8~~,9,~~10~~,11,~~12~~ 刪除2的倍數

③ 3,5,7,9,11

質數列表 {2,3}

5,7,~~9~~,11 刪除3的倍數

這時，$\sqrt{n}=\sqrt{12}=2\sqrt{3}=3.4\cdots$，已經滿足最前面的數字達$n$的平方根，所以可以把剩餘的數字全都放入質數列表中。

④ 質數列表 {2,3,5,7,11}

這樣就能找出哪些正整數是質數。

當 n 愈大時，用這種篩選法會比逐一確認更輕鬆地找出質數，非常方便，即便是早在兩千年前就發現的方法，到了今天還是經常拿來作運用呢。

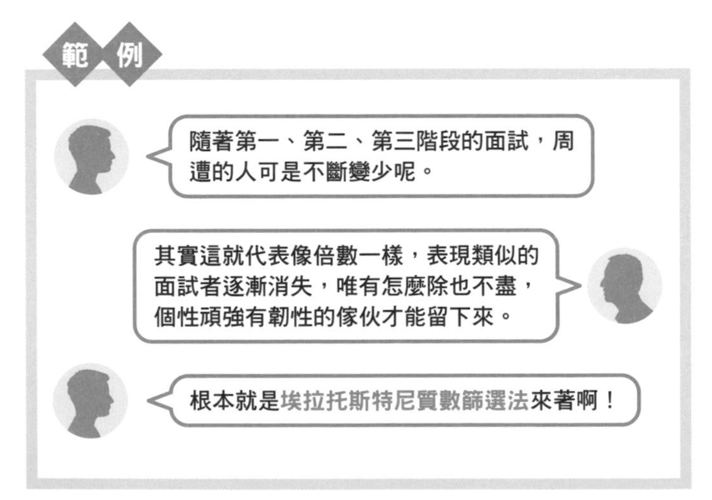

科學家名言❶

生性極度樂觀的人，常被評價為非常適合朝科學之路發展。因為這種人即使遇到各種難題也不會意志消沉，不妥協，而且還非常懂得孰輕孰重（知道優先順序），擁有這些特質可說相當重要呢。

利根川 進

日本生物學家。發現抗體基因如何重組的機制，並於1987年獲得諾貝爾生物醫學獎。

科學之路往往伴隨著失敗，如果每次失敗都沮喪無比，將難以邁向成功。許多偉大的發現與發明都是立足在無數的失敗經驗上。不能選擇對失敗視而不見，而是要將其作為獲得成功的一步，積極地接受失敗。同時還要懂得如何將該做的任務列出優先順序，並從較優先的項目著手處理。

機會是留給準備好的人。

居里夫人

波蘭出身的物理學家、化學家。從事放射線的研究，分別於1903年和1911年獲得諾貝爾物理學獎與化學獎。

如果不做任何努力，只想空等機會降臨的話，可是等不到機會的到來。就算機會來臨，自己卻沒有能力抓住機會，產出成果的話，到頭來也只會失去機會。這也意味著不能只是等待機會，而是要做足準備，主動出擊，掌握機會。

我為何要責怪自己？其實不用責怪自己，因為別人在必要之時就會狠狠責怪我。

阿爾伯特・愛因斯坦

德國出生的理論物理學家。發現光電效應，並因此於1921年獲得諾貝爾物理學獎。

反省固然重要，但一直抱著後悔回首錯誤卻是毫無建設性。不需要因為失敗就責怪自己，而是要找出改善對策，將失敗的經驗加以運用。再怎麼責怪自己也得不到好的結果。反而會失去信心，帶來負面效果。

在伊拉斯莫的指引下

聖艾爾摩之火

NO. 29 物理 臭屁程度 

感覺像是RPG角色扮演遊戲裡面會出現的名稱呢，聽起來好奇幻啊。

聖艾爾摩之火其實是指夜晚下著暴風雨時，船隻桅杆、避雷針或教會尖塔頂端等突出位置發光的現象。又稱為**尖端放電**，是一種靜電現象。行駛於地中海的討海人認為這是守護神顯靈，即**聖人聖艾爾摩**（St. Erasmus，英文又名Elmo）的守護，所以將此一現象稱作聖艾爾摩之火。

當我們在山頂、山脊附近，看到樹梢發出這樣的光時，就表示有雷擊危機，所以也可以視為大自然發出的信號。聖艾爾摩之火若是發生在白天時，有可能只會聽見咻——咻——這般非常微弱的聲音，無法看見光亮。

凱撒的《**阿非利加戰記**》（*De Bello Africo*）、老普林尼的《**博物誌**》（*Naturalis Historia*）、柯勒律治的《**古舟子**

詠》（*The Rime of the Ancient Mariner*）、梅爾維爾的《白鯨記》（*The Whale*）、賈梅士的《盧濟塔尼亞人之歌》（*Os Lusíadas*）等作品中都有提到聖艾爾摩之火的現象。

日本搖滾樂團BUMP OF CHICKEN也有一首歌叫「聖艾爾摩之火」（セントエルモの火），是主唱藤原爬上富士山找鼓手時所完成的歌。歌名由來據說是夜晚在空中發亮的飛機看起來很像「聖艾爾摩之火」的緣故。

範例

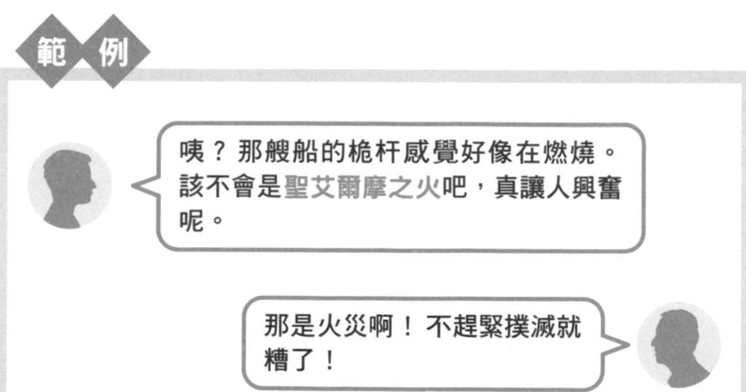

百分之百逃不掉!?

滅絕漩渦

NO. 30 生物 臭屁程度

感覺像是會放在電影或特攝動畫副標的名稱呢。敵人首腦在最後一刻使出即死攻擊，卻被滅絕漩渦給吞了，然後就這麼結束。

滅絕漩渦是指在多種因素的連動影響下，**個體群**（生活在同一空間下的同種生物族群）的規模不斷縮小，導致該族群邁向滅絕的現象。

滅絕漩渦的起因非常多，包含了棲息地的縮減、濫捕、降低遺傳多樣性、近交衰退（近親交配，導致子代的繁殖力或抵抗力表現不如親代）、阿利效應（當族群密度太低時，將有損個體群的成長）等。在這些因素的交互影響之下，使族群加速邁向滅絕之路。

其實，中世紀的歐洲名門**哈布斯堡王朝會衰微沒落**，一般認為是「近交衰退」（Inbreeding depression）所導致。

統治西班牙與奧地利的哈布斯堡家族，為了維持純正的血統，不斷採取**近親通婚**的策略，卻使得家族內遺傳疾病變多，自此走上滅絕。只要利用能看出「近親通婚風險」的**近親繁殖係數**來計算，同樣會得到這樣的結論。

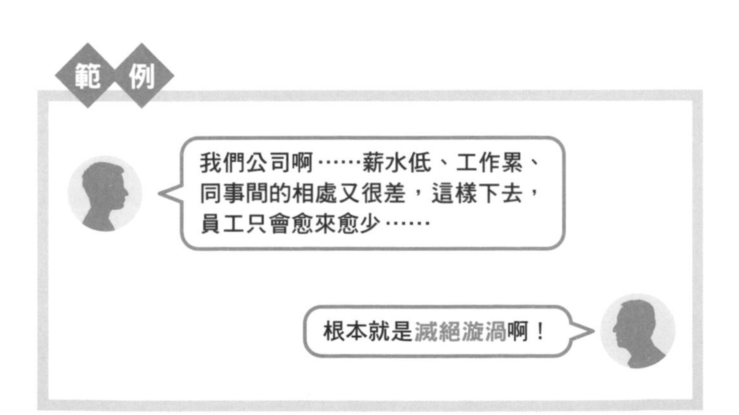

又酸又甜還帶點苦澀……

克羅內克青春之夢

NO. 31 | 數學 | 臭屁程度

這名稱聽起來真讓人印象深刻呢。順帶一提，我的青春夢是「和Gakki約會」(沒人問你好嗎……)。

克羅內克青春之夢，其實是指一種猜想。在虛二次域的任一阿貝爾擴張（或稱交換擴張，abelian extensions），都和具備複數乘法的橢圓函數特殊點類似。呃……連我都不太知道自己在說什麼。

總之，這是德國數學家利奧波德・克羅內克（Leopold Kronecker），在1880年寄給同為德國數學家理察・戴德金（Richard Dedekind）的信件中，將解開此猜想視為「年輕時最親愛的夢想」，所以才會命名為「克羅內克青春之夢」。

其實克羅內克從柏林洪堡大學畢業後，就繼承了已逝伯父的銀行與農務事業，且經營得有聲有色，但在邁入30

歲之際，發現自己還是無法放棄對數學研究的熱忱，於是重回研究之路，可說是位經歷非凡之人。也是因為當時的思維，讓克羅內克能夠提出這樣的猜想。

不過很可惜的是，克羅內克並沒有證明自己的猜想。後來是由日本數學家高木貞治解決了「克羅內克青春之夢」。

好想立刻跟多金的溫柔帥哥結婚喲。

別做這種**克羅內克青春之夢**，趕緊磨練自己比較實在。

夏天也快到了!?

八十八夜的晚霜

聽起來很高雅的名稱呢！不經意說出口的話，應該還蠻能吸引目光的。

八十八夜的晚霜，是指立春（2月4日左右）後第八十八天（5月2日左右）夜晚的降霜。自古以來便常被作為俳句的季節用語。

過了5月2日後便不再降霜，天氣也漸趨穩定，可說是從事採茶或撒稻殼等務農作業的最佳時機。

這時的新茶茶葉採收量不多，物以稀為貴，所以會被視為能帶來好運的吉祥物。據說在這天喝下新茶的話，還能延年益壽呢。

與之後採收的茶葉相比，剛冒芽的茶葉所照射到的陽光較少，組成鮮味的胺基酸尚未轉變成帶有澀味的兒茶素，因此含有大量營養與鮮味成分。看來，古人們透過經驗也知道這件事呢。

對了，日本的採茶歌是這麼唱的：立春後第八十八夜，夏天也快到了。無論是原野或山上，嫩葉都長得茂盛。那兒所見的，不就是在採茶嗎。交叉於背後的暗紅色綁袖布條，配上斗笠。

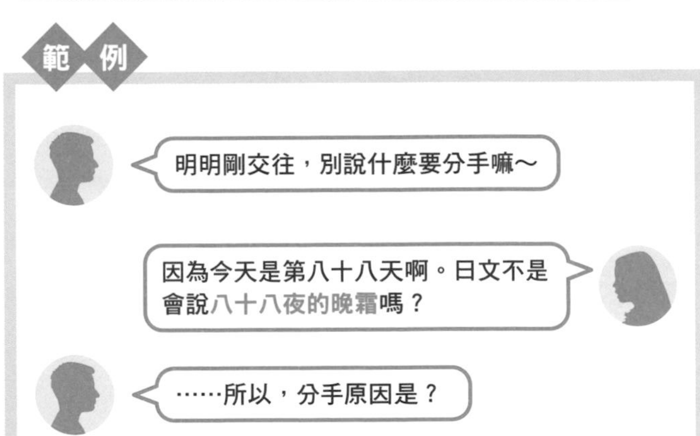

絕不能走這座橋……

柯尼斯堡七橋問題

柯尼斯堡是什麼？人名？地名？聽起來好神祕啊。

柯尼斯堡七橋問題是18世紀初，普魯士王國裡柯尼斯堡（位於現在的俄羅斯加里寧格勒州）市民間蔚為話題的一個數學謎題。流經柯尼斯堡的普列戈利亞河架有圖片所示的七座橋，而這個問題就是「如果從任一個地點出發，是否有可能找出一條路線，以每座橋只通過一次的方式，走完所有的橋且回到出發地點」。七橋問題其實也是位相幾何學（拓撲學）中，相當有名的初階範例。

雖然有非常多人挑戰解開這個問題，卻沒人成功。

瑞士數學家**尤拉**（Leonhard Euler）則是把路徑加以變形，用一筆畫問題的角度來思考，進而證明了七橋問題根本無解。

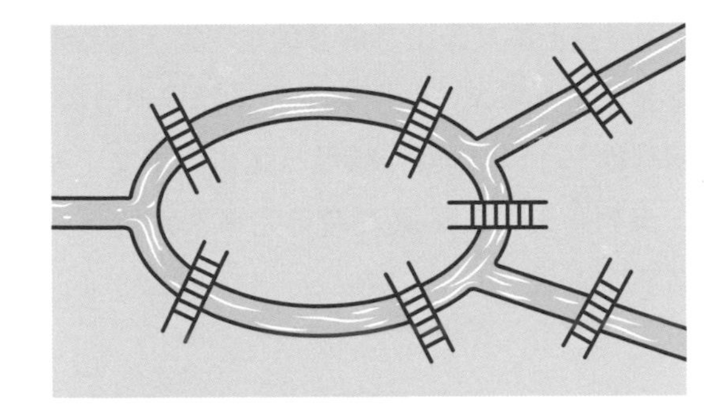

一筆畫問題有兩條可行路徑。

①連接一個頂點的邊數必須是偶數

→若是奇數會無法回到起點

②連接一個頂點的邊數中，有2個是奇數，其餘必須全是偶數

→邊數為奇數的頂點將是起點與終點

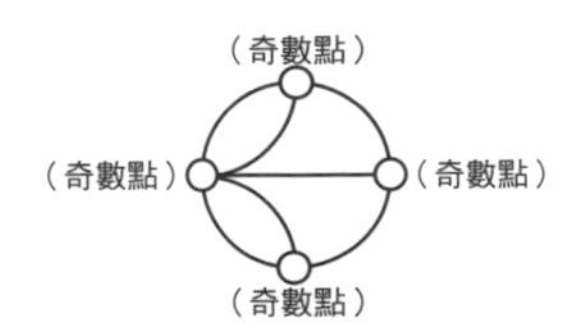

探討柯尼斯堡七橋問題時，由於對應的圖形無法滿足上述條件，所以問題本身就是無解。

順帶一提，尤拉其實還留下了許多豐功偉業，更與德國數學家**高斯**（Carl Friedrich Gauss）齊名，被譽為**數學界的兩大巨匠**。

尤拉還是史上論文產出量最多的數學家，據說他每年的論文量是正常數學家一生所寫的量（超過800頁）。瑞士的出版社從1911年起就持續發行尤拉的論文，都已經過了百年來到今天，竟然還沒發行完畢。尤拉……只能說你太猛了 ((((；゜Д゜))))

另外，江戶時代後期的和算學家──武田真元，在著作《真元算法》中有提到「**浪華二十八橋知惠渡**」的問題。「有一塊被分流河水隔開來的中洲，中洲和其他三塊陸地間架有七座橋。請想想每座橋只能通過一次，且必須走完所有橋的方法」。這其實和柯尼斯堡七橋問題非常相似，所以也能用一筆畫問題的思考方式來解決。

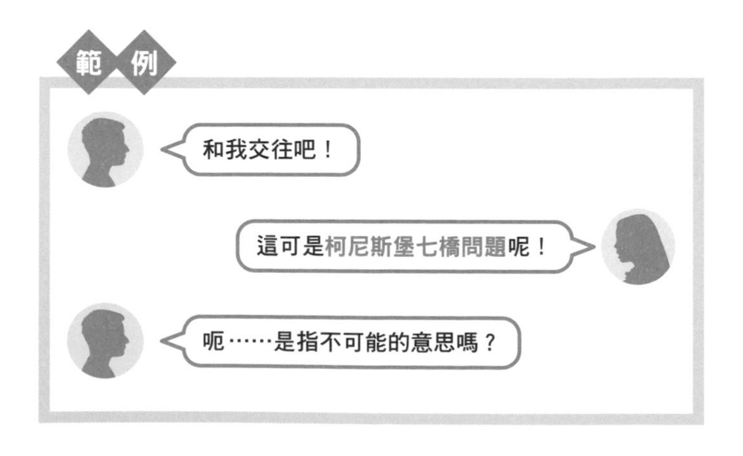

科學家名言❷

如果不想犯下無法挽回的錯誤，就要儘早學會不畏懼失敗。

湯川 秀樹

日本理論物理學家，提倡介子理論，並於1949年成為日本首位諾貝爾獎得主。

失敗總讓人覺得是不好的事。不過，失敗卻也是曾經挑戰過某種事物的證明。不去挑戰的話，既不會失敗，卻也無法成功。就算不斷累積小失敗，只要持之以恆繼續挑戰下去，豐碩的成功可能就在不遠處。因為畏懼失敗，不去挑戰的話，將會遭遇真正的「失敗」。

把每個困難的問題，分拆成很多可行且必要的小問題來逐一解決。

勒內・笛卡兒

於法國出生的數學家、哲學家。確立了笛卡兒座標系。

就算是乍看之下非常困難的問題，只要將問題細切分拆逐一處理的話，基本上都能順利解決。舉例來說，如果訂出一個目標，希望考上很難錄取的大學，那麼就要先分拆每個科目，思考學習計畫。針對英語科目，還要依類別細分成文法、長文、作文，並搭配每個分類的評量，具體訂出何時要花多少時間學習。如此一來，再大的目標也能透過細切分拆，讓應辦事項變得更加具體，那麼就能距離成功更近。

沒有事情是非常簡單的，但如果你很勉強地去做這件事，那就一定會變困難。

畢達哥拉斯

古希臘數學家、哲學家。提出了畢氏定理。

在面對任何事物時，如果心生厭惡，做得勉勉強強，那將很難得到想要的結果。既然都要做了，那麼抱持積極主動的心態，理當能有好的結果。正所謂「精益求精」，抱有期待地積極進取，不正是邁向成功的捷徑嗎！

霸王級寒流即將到來……

極地渦旋瓦解

NO. 34 地科  臭屁程度 

這名稱聽起來還真是可怕呢。感覺《MMR神祕調查班》裡的隊長紀林大概會在這時脫口說出：「我懂了！人類將會滅亡！」

極地渦旋瓦解，其實是指在北極上空所形成的大型氣旋「極地渦旋」（Polar Vortex）出現分裂的現象。過去也曾出現極地渦旋一分為二後往南移動，在北半球各地帶來強烈寒流，甚至出現空前的嚴寒天候。

2019年1月，美國受極地渦旋瓦解的影響，使得將近30%、也就是約有9000萬人身處零度以下的寒冷環境。位於中西部的學校及政府機關不得不關閉，郵務作業也跟著停擺。明尼蘇達州更測得－48℃的低溫，這不僅比世界最高峰聖母峰還要更冷，甚至足以危及生命。

日本在2019年2月也曾受極地渦旋瓦解的影響，全國各地陷入低溫，北海道陸別町等四個地方的最低溫度更來到－30℃。首都圈也受到降雪影響，導致超過130架次的航班取消，波及超過2萬名的旅客。

另外，當極地渦旋內的溫度下降，就會形成**臭氧洞**（臭氧含量特別稀少、厚度很薄的區域），這將使得對人類造成負面影響的紫外線增加。所以如何讓極地渦旋變得穩定，也成了當今非常迫切的研究課題。

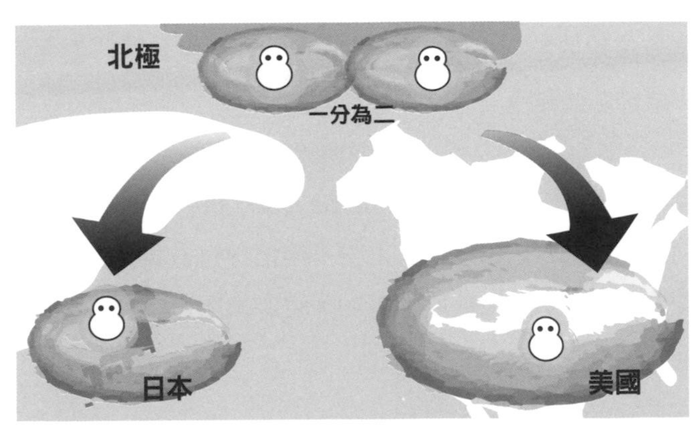

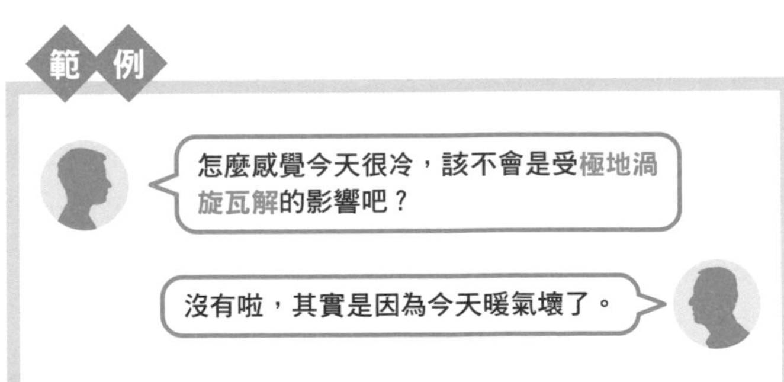

肉眼所看不見的神祕宇宙

哈伯極深空

NO. 35 

Hubble eXtreme Deep Field轉寫成日文假名後，絕對會是各位想要脫口大喊唸出的名稱吧？感覺就跟「看我使出最強的必殺技」一樣。

哈伯極深空（Hubble eXtreme Deep Field，**XDF**）是指利用距離地表約600公里上空、繞地球軌道周轉的哈柏太空望遠鏡，針對天爐座附近的太空深處所進行的探索，以及其探索的區域。

自2002至2012年，天文學家耗時約10年拍攝天爐座與周邊區域，2003～2004年更展開**哈勃超深空**（Hubble Ultra Deep Field，**HUDF**）的拍攝探索。而XDF哈伯極深空，就是在HUDF哈伯超深空影像中心的一個小區域，影像中有如珠寶般閃耀的浩瀚銀河引起各界熱絡的討論。

就人類目前所知，距離地球最遠的太空就是XDF。影像中閃閃發亮的不是星星，全都是一個又一個的星系。當中包含了剛誕生的年輕星系，還有早在132億年前就存在的古老星系，一共塞滿了多達**5500個星系**，最黯淡星系的亮度甚至只有人類視力可見亮度的百億分之一。

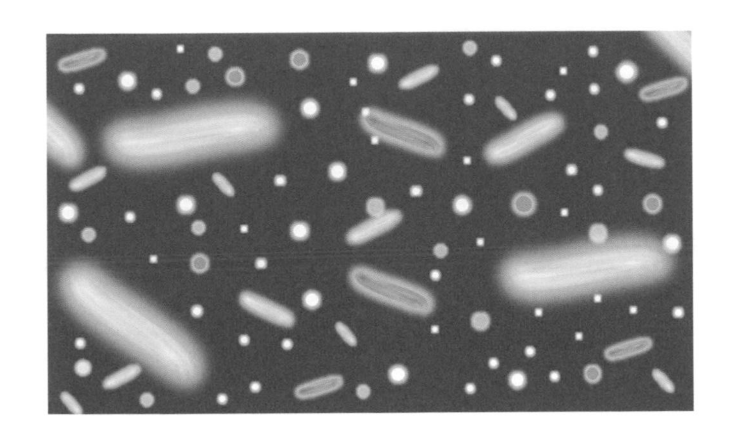

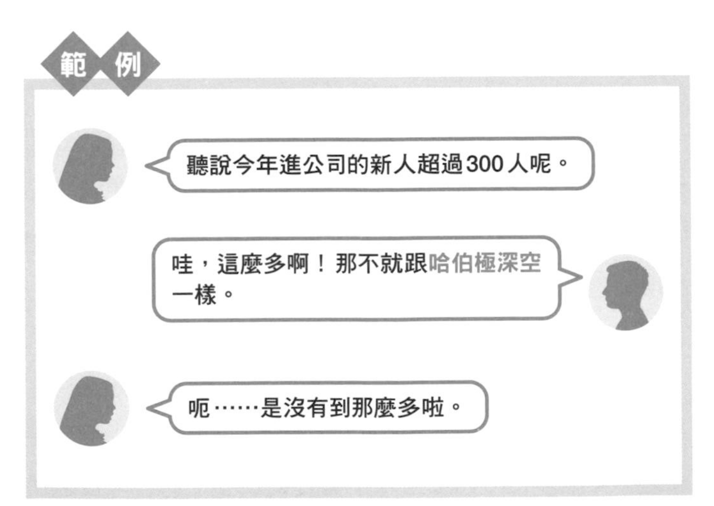

那有沒有藍皇后或白皇后啊？

紅皇后理論

NO. 36  臭屁程度 

「紅皇后」究竟是何方神聖？聽起來就是會從奇幻電影裡走出來的人物呢。

紅皇后理論其實是一個假說，意指生物為了繼續存留下來，就必須持續地演化進步。會取作這個名稱，是因為《愛麗絲鏡中奇遇》中，紅皇后對愛麗絲說：「你必須用力奔跑，才能使自己留在原地。」

舉例來說，被捕食者如果逃跑的速度更快，那麼捕食者就必須跟上被捕食者的腳步，讓自己演化，跑得更快。正因為生物的周遭環境會不斷變化，當自己無法跟上演化的速度，適應不了環境變化時，最終就會滅亡。

這套理論其實也能套用在職場與我們的人生。如果只是一味承襲舊法，總有一天會踢到鐵板。因為你我周遭環境總是不停地變化，如果自身不做任何調整，將會無法處於相對等的位置。所以該如何順應環境變化和時代潮流，彈性地改變作法、往前邁進，可說是非常重要呢。

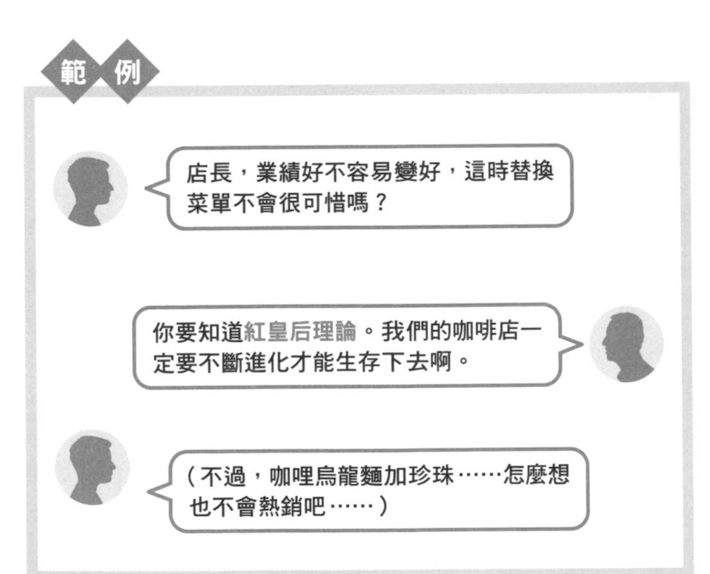

只要自己好就一定好？

囚犯困境

NO. 37 | 數學 |

這名稱聽起來真令人印象深刻呢。應該有人聽過「囚犯困境」這個詞，不過聽過的人有辦法解釋意思嗎？

囚犯困境其實是數學**賽局理論**中的一種概念。賽局理論是指洞悉對手思維，摸索出怎樣的規則能讓自己得更高分或失更少分。目前賽局理論更被廣泛運用在經濟學、經營學等範疇中。

假設兩名嫌疑犯被帶到不同的房間偵訊。若一人認罪，另一人選擇緘默，那麼前者會無罪釋放，後者則必須面臨十年的徒刑。若兩人都選擇緘默，則會一樣面臨一年的徒刑。若兩人雙雙認罪，那麼都會被判處五年徒刑。

根據上述條件，若兩位嫌疑犯想獲得最佳利益，那麼彼此都選擇緘默即可（如此一來兩人都只需要被關一年）。不過如果自己單方認罪，那麼就能無罪釋放，所以會衍生出究竟該認罪，還是緘默的**兩難局面**（dilemma），甚至還有可能出現兩人雙雙認罪的結局（皆被判處五年徒刑）。

這其實可以看出一種機制，那就是如果個人只追求自我利益，將無法為整體創造最大利益，甚至還會帶來損失。順帶一提，囚犯困境也能套用在環境議題、價格競爭，以及國際間軍備競賽等各種情境呢。

		嫌疑犯B	
	認罪	是	否
嫌疑犯A	是	皆判5年	僅B判10年（A無罪）
	否	僅A判10年（B無罪）	皆判1年

打掃真麻煩，偷懶一下好了。反正總會有人做嘛。

如果大家都像你一樣偷懶，只會惹得老師生氣，把所有人留下來打掃，把事情搞得更麻煩而已，也就是**囚犯困境**，懂嗎？

氣體能用公式表示？

理想氣體狀態方程式

NO. 38 化學 臭屁程度

理想氣體？狀態方程式？這可真是讓人一頭霧水呢。

首先各位必須知道，所謂的**理想氣體**，是指氣體分子本身不占有體積，氣體分子間無作用力，且與**波以耳－查理定律**（氣體的體積與壓力成反比，與絕對溫度成正比）完全相符。**狀態方程式**則是以熱力學角度，用體積、壓力與溫度常數，顯示物質狀態的關係式。

當氣體壓力為 p，氣體體積為 V，氣體質量為 n，氣體常數為 R，絕對溫度為 T 時，**理想氣體狀態方程式**就會是 $pV=nRT$。

以氣體的實際情況而言，當壓力太高或溫度太低時，這個方程式將無法成立。不過只要是低壓高溫的標準狀態，基本上方程式皆能成立。因為當壓力愈低，密度也會跟著變小，那麼分子間就不會彼此碰撞，甚至能夠忽略本身的體積。另外還有一個原因，那就是分子在高溫狀態下會高速運動，如此就能忽略**凡得瓦力**（分子間作用力）了。

而**凡得瓦方程式**（又名**實際氣體狀態方程式**）是將分子大小與分子間作用力列入考量，因此是能實際套用在氣體計算的方程式。

生物將面臨滅絕危機……

雪球地球

NO. 39 地科 臭屁程度

這名稱會讓人聯想到冰屬性的最高階魔法呢。

雪球地球（Snowball Earth），是指發生於前寒武紀，整個地球被冰川與海水覆蓋的狀態。也是美國加州理工學院教授約瑟夫・科賀文（Joseph Kirschvink）於1992年提出的假說。他認為當時地球的平均氣溫為－50℃，且海面覆蓋深度達1公里的厚冰。真讓人難以想像呢。

目前普遍認為，雪球地球的嚴寒氣候導致大量生物滅絕，不過，火山活動所釋放的二氧化碳帶來溫室效應，使寒冷程度趨緩，**埃迪卡拉生物群**（Ediacaran biota）也就此誕生。

埃迪卡拉是指位於澳洲南部弗林德斯山脈的一個區域，這裡被認為存活著當時該區域最古老的地球動物——狄更遜水母（Dickinsonia）。

然而，光是在前寒武紀（從地球誕生到約5億4千萬年前的40億年期間）就至少發生了三次的雪球地球。不過當中有很多種說法，包含藍藻行光合作用產生的氧氣使甲烷（造成溫室效應的氣體之一）氧化，還有火山活動減少使二氧化碳（同樣是造成溫室效應的氣體）釋放量減少，但目前仍未釐清雪球地球的真正起因。

範例

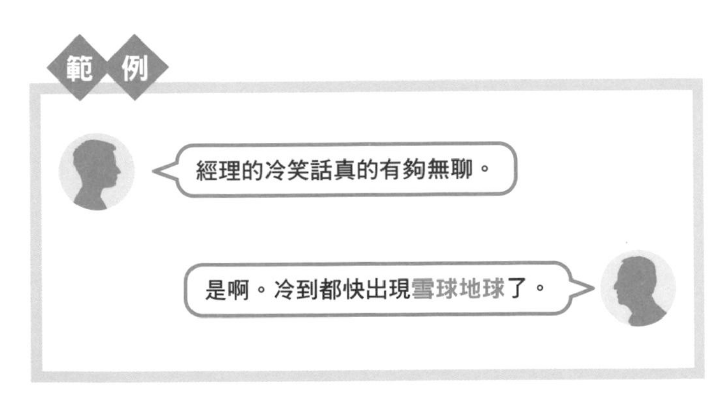

重要情報都是走單行道呢

中心法則

NO. 40 | 生物 | 臭屁程度

這名稱聽起來很難，卻又十分響亮。如果是某種絕招的話，說不定還能使出強烈一擊，粉碎對手核心呢。

中心法則（中心教義）其實是指一個原則，那就是生物握有的遺傳情報會依照DNA（去氧核糖核酸）→mRNA（傳訊RNA）→蛋白質的順序依序傳遞。英文「Central dogma」的central即是「中心」，dogma是指「教義」。中心法則是在1958年，由發現DNA為**雙螺旋結構**的弗朗西斯・克里克（Francis Crick）所提出。

再作更詳細的解說好了。DNA能透過**複製**增為2倍，接著透過**轉錄**成為mRNA後，又會透過**轉譯**合成出蛋白質（胜肽）。這一連串的過程就是中心法則。

不過，目前發現有些病毒能將RNA合成出DNA。這類病毒被統稱為**反轉錄病毒**（Retrovirus；Retro在這裡是

「反向」的意思），所以從RNA合成DNA的過程名為**反轉錄**。例如造成愛滋病的**HIV**（人類免疫缺乏病毒）就是一種反轉錄病毒。

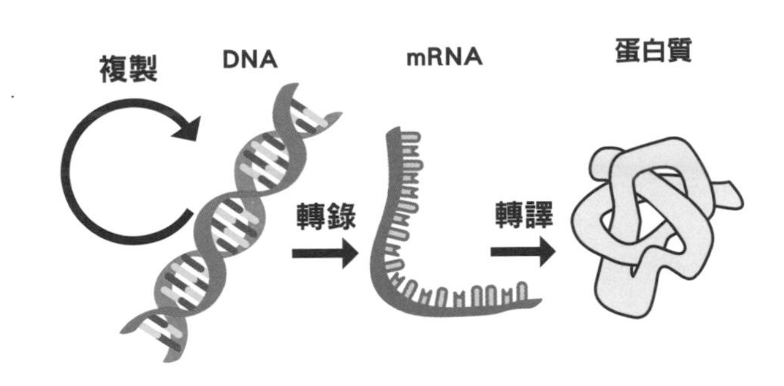

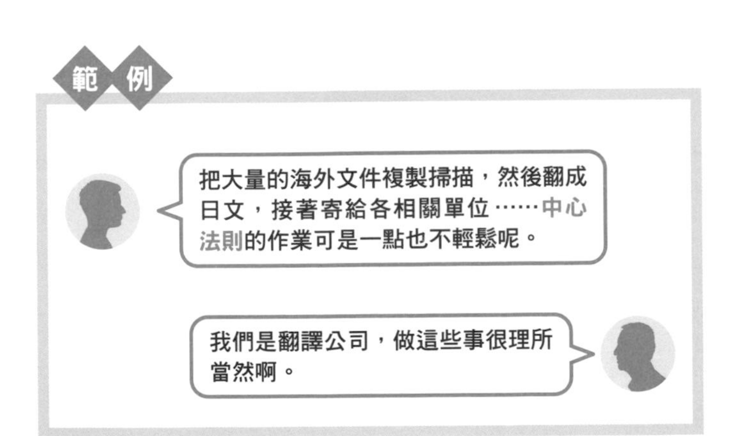

理科不思議②

研究室裡
會放睡袋。

看見帶有質數的
車牌號碼，
就莫名感到開心。

看到煙火時
會忍不住想起
焰色反應。

只要看到數字，
就會忍不住
做質因數分解。

很羨慕文組女生
人數占比較高。

隨著大一大二
大三往上念，
對於衣著
也會逐漸不講究。

聞味道時，
會不自覺地
伸手搧一下。

一聽到救護車的
鳴叫聲，就會想到
都卜勒效應。

對於實驗器材
與裝置的昂貴價格
深深感到恐懼。

出現閃雷時，
會測量看到閃光後
到聽見雷響的時間，
計算出落雷的距離。

第3章

彷彿有點印象，但又似懂非懂的用語 17

有形之物總有一天會腐朽

語義飽和（完形崩壞）

NO. 41 | 醫學 | 臭屁程度

完形崩壞，感覺世界好像就要毀滅一樣……？這到底是多麼可怕的用語啊！

當我們瞥見某個文字或圖形時，明明知道它的意思，不過盯著它的形狀一直看的話，對於整體的形狀呈現與其所代表的內容，我們的理解度卻會開始降低，甚至無法充分掌握這個文字或圖形究竟是什麼。這種現象就稱為**語義飽和**，又稱為完形崩壞。

簡單說就是一直盯著或不斷寫某個字，開始浮出「咦？這個字是這樣寫的嗎？」「這字是什麼意思？」的疑問。

雖然1947年德國神經學家佛斯特（C. Faust）認為，語義飽和是一種失認症（Agnosia，失去透過某種感覺去認識或分辨對象物的障礙），不過後來發現，其實健康的人也會出現語義飽和。

語義飽和的原文為德文的「Gestaltzerfall」，當中「Gestalt」是指「有結構、形狀、完全或整體（完形）」的意思。語義飽和就像是完整的形體受損，崩解成一個個單獨的部分，所以又名為完形崩壞。

假若以日文來舉例，像是「ぬ、ね、を、ル」這些假名，以及「今、多、野、借、傷、怠」等漢字，對日本人來說都非常容易出現語義飽和的現象。

ぬぬぬぬぬぬぬぬぬぬぬぬぬぬぬ

ねねねねねねねねねねねねねねね

今今今今今今今今今今今今今今今

傷傷傷傷傷傷傷傷傷傷傷傷傷傷傷

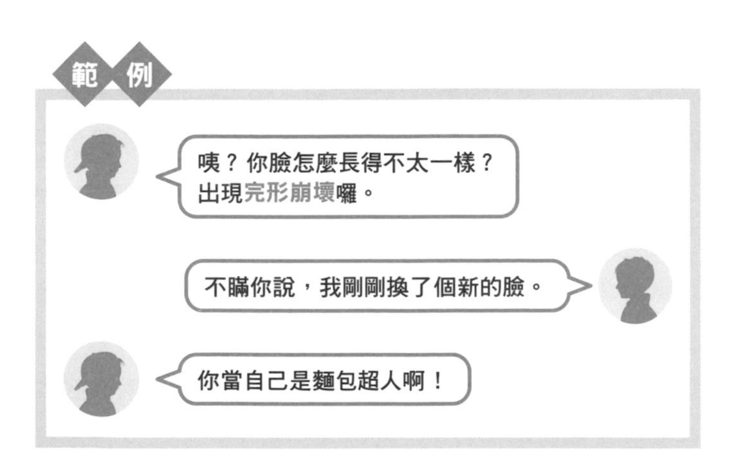

難怪古典樂會讓人想睡覺

1/f 波動

NO. 42 ｜ 物理 ｜ 臭屁程度

這個組合唸作「f分之一波動」，應該不少人都聽過這個詞吧。

所謂**1/f 波動**，是指能量（譜相密度）與頻率成反比的波動。簡單來說，就是混有正規與不規則狀態的波動。

據說這樣的波動可以讓人感到舒適與療癒。你我身邊常見的例子，包括搖曳的蠟燭火光、搖晃的電車、小河潺潺流水聲、陽光穿過樹葉灑落的天氣、螢火蟲的亮光、心臟跳動的間隔頻率等。坐電車時總會莫名地一股睡意湧現，說不定就是1/f 波動的影響呢。

除此之外，像是音樂家莫札特創作的古典樂裡也都包含了1/f 波動，能夠促進人類大腦釋放 α 波，讓腦部感到舒適。據說美空雲雀、宇多田光、MISIA、德永英明這些歌手的聲音裡也都帶有1/f 波動喔。對了，配音員花澤香菜、大本真基子，以及有擔任旁白配音的演員森本里奧，同樣都具備相同的特質呢。

其實不只人類，據說生物節律基本上也都帶有 1/f 波動。像是讓乳牛聽 1/f 波動的音樂，就能分泌更多乳汁；或是讓雞隻聽這樣的音樂，就有助於產下更多雞蛋。

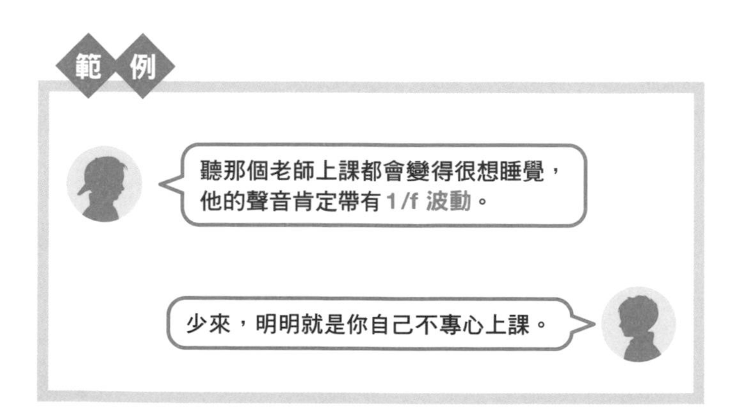

不是猴子玩偶夢奇奇喲……

莫氏不連續面

NO. 43 | 地科 | 臭屁程度

莫氏不連續面（全名為莫荷洛維奇不連續面）的英文「Mohorovicic」，唸起來實在讓人不禁想發笑。不過有些人可能已經在地球科學的課堂上學過這個詞囉。

莫氏不連續面是指位於地底十～數十公里，介於**地殼**（地球表層）與**地函**（地殼以下深至2900公里左右的部分）的分界面。地震波的傳遞速度會以此面為分界出現不連續的變化。因為是由前南斯拉夫（現今的克羅埃西亞）地球物理學家莫荷洛維奇（Andrija Mohorovičić）發現，所以取名為莫氏不連續面。

至於地震波速為什麼會以這個面為分界出現變化呢？有一派說法認為，這是因為地殼與地函，分別是由玄武岩與橄欖石兩種化學組成相異的岩石所構成。

美國過去還曾經進行過一個實驗（**莫荷計畫**），打算鑽一個足以貫穿地殼，深達莫氏不連續面的洞。不過受限於技術與經費問題，只好中途作罷。

另外，地函與**外地核**（位於地球中心處的液態層）之間也有一個分界面，名叫**古氏不連續面**，發現者為美籍德國裔的地震學家賓諾・古登堡（Beno Gutenberg）。古氏不連續面的英文Gutenberg discontinuity，聽起來可比Mohorovicic滑稽的發音帥氣多了！

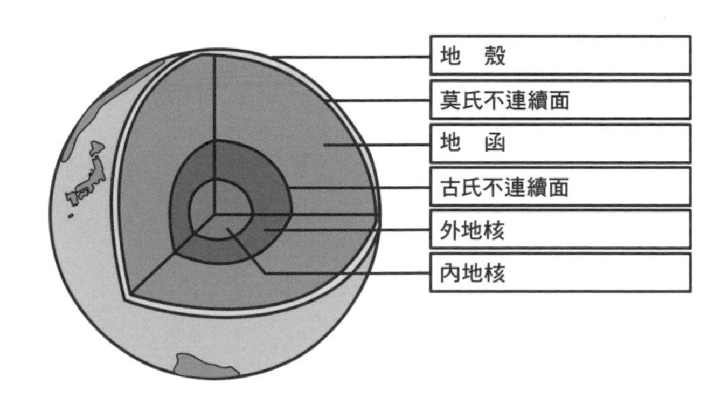

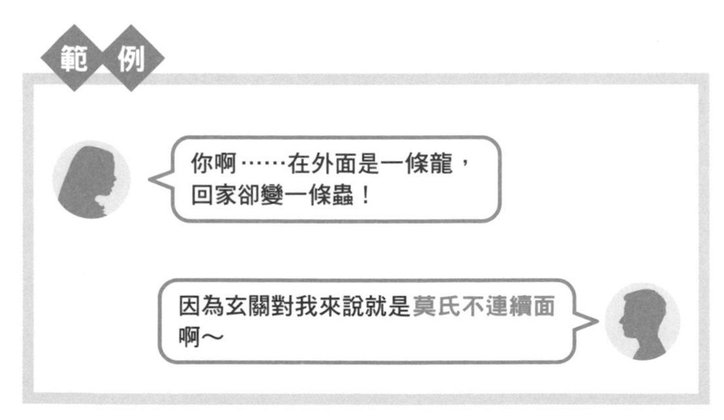

AI也能變神明!?

奇點

NO. 44 | 物理 | 臭屁程度

聽起來好精闢的名稱啊。如果跟別人對話時能說出這個字，一定會被認為「這傢伙真有兩把刷子呢」。

奇點（Singularity）是指人工智慧（AI）超越人類智能的轉捩點，也能用來形容人工智慧為世界帶來顛覆性的變化，也稱作「**科技奇異點**」。

這是由美國學者雷・庫茲威爾（Ray Kurzweil）在2005年出版的著作《奇點將近》（*The Singularity Is Near*）所提出的概念，並且隨後逐漸地廣傳開來。庫茲威爾甚至在書中預言「2045年之際，人工智慧將超越人類智慧」。

由好萊塢巨星強尼戴普所主演的科幻電影《全面進化》（*Transcendence*，2014年）就是以奇點為主軸發展故事劇情。當然其他還有許多和奇點相關的電影、電玩遊戲以及科幻小說等創作。

目前認為，當奇點到來時，過去由人類親力親為，必須動腦筋的作業，就能交給人工智慧代為執行，這麼一來將會對世界經濟及社會帶來莫大影響。順帶一提，2019年8月日本澀谷更舉辦了一場能體驗奇點世界的虛擬活動，其中人工智慧變成神明的「網路神社」（Cyber Jinja）相當受到歡迎。

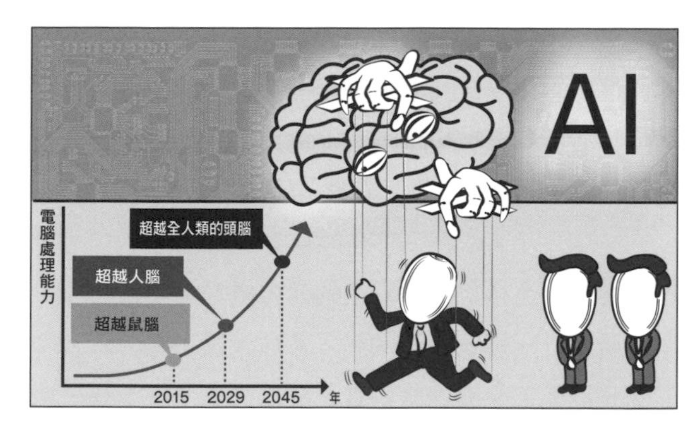

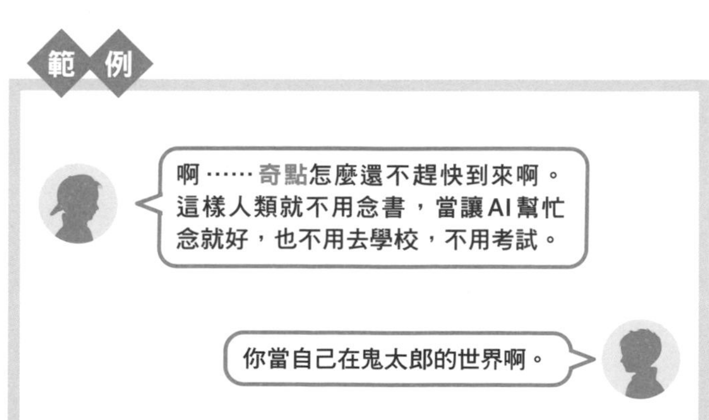

是怪物？錯覺？還是……

布羅肯幻象

NO. 45 | 地科 | 臭屁程度

如果你讀到布羅肯幻象會聯想到漫畫《金肉人》裡的血船長Ⅱ世（譯註：日文原名為ブロッケンJr.，音譯即是布羅肯Jr.），想必閣下年齡已經過了三十歲了吧。

布羅肯幻象是指當山頂附近的前方處布滿雲霧時，只要背對太陽站立，那麼自己的影子會放大投影在雲霧當中，而且影子周圍還會出現像彩虹一樣的光圈（多半是紅色外圈、藍色內圈）。因為這個現象常見於德國的布羅肯山，所以被命名為「布羅肯幻象」。另外也有布羅肯幽靈、光環、御來迎（御來光）、佛祖御光等別稱。

布羅肯幻象的成因，是因為光線通過大氣時，受水滴影響而出現散射，而散射強度會隨著光線波長（顏色）產生差異，所以才會形成這個特殊的現象。

日本自古就熟知這個現象。江戶時代後期，僧侶播隆曾在岐阜縣高山市的笠岳親眼看見布羅肯幻象，一時傳為佳話。相傳登上山頂時，當西邊布滿雲海，被夕陽照亮的槍岳山頭若被雲遮掩住，彩虹光環會在霧中閃耀發亮，接著會看見阿彌陀佛的到來。這是多麼神祕的景象啊！

此外，當飛機穿過雲海，如果你從窗邊往外看，有時能看見飛機影子圍繞著顏色光圈，這也算是布羅肯幻象。

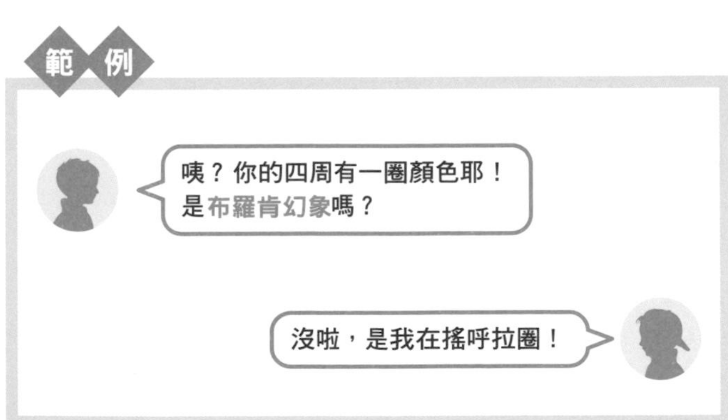

自然流露的神祕之美

費氏數列

NO. 46   

這是日本大學學測時偶爾會出現的數列問題。只要是理組的人，大多數都聽過費氏數列才對。

費氏數列是把前兩項與前一項加總所組成的數列。提出的人是義大利的數學家李奧納多・費波那契（Leonardo Fibonacci），所以名為費氏數列。費氏數列從「1, 1」開始，1, 1, 2, 3, 5, 8, 13, 21, 34, 55……不斷延續下去。

我們可以將費氏數列用遞迴式來表示，結果會是：

$$a_1 = a_2 = 1$$
$$a_{n+2} = a_{n+1} + a_n \ (n \geqq 1)$$

1＋1＝2
1＋2＝3
2＋3＝5

3＋5＝8

5＋8＝13

費氏數列其實也廣泛地存在於自然界。舉例來說，花瓣的數量往往會是3、5、8、13片，或是向日葵種子的螺旋排列數也會呈現21、34、55顆。也因為費氏數列中彼此相鄰的數值比例接近**黃金比例**，所以被認為以此數列呈現出來的排列狀態會非常漂亮。

她的美實在無人能及，美到無法用言語形容啊！

真的就像**費氏數列**一樣，有著與生俱來的黃金比例呢。

眼睛看不見的部分宇宙

暗物質

NO. 47 物理 

臭屁程度 

這個名稱不禁讓人聯想到擁有暗黑之力的物品呢。不過暗物質也會出現在各類遊戲和科幻小說當中，算是蠻常見的用語。

暗物質（**Dark matter**）是被認為存在於宇宙中，有著質量卻不會發光、也不會反射（也就是觀測不到的意思）的物質。雖然我們還不清楚暗物質究竟是什麼，不過目前推測構成宇宙的要素之中，暗物質就占了四分之一。

可能是暗物質的名單中，包含了**微中子**（Neutrino）、**軸子**（Axion）的基本粒子，還有相對於光子的粒子——**暗光子**（Dark photon）等物質，目前許多學者們正不斷針對暗物質進行研究。

構成宇宙的要素中，質子、中子等「眼睛可見」（也就是觀測得到）的物質，占不到整體的5%，據說暗物質比例是這些物質的5～6倍。剩餘的部分則被認為是一種名為**暗能量**的未知能量。暗能量聽起來就像是敵人首腦的力量來源，感覺很酷呢！

在宇宙形成的過程中，暗物質往往被認為具有相當關鍵的影響力，將成為今後十分關注的研究主題。

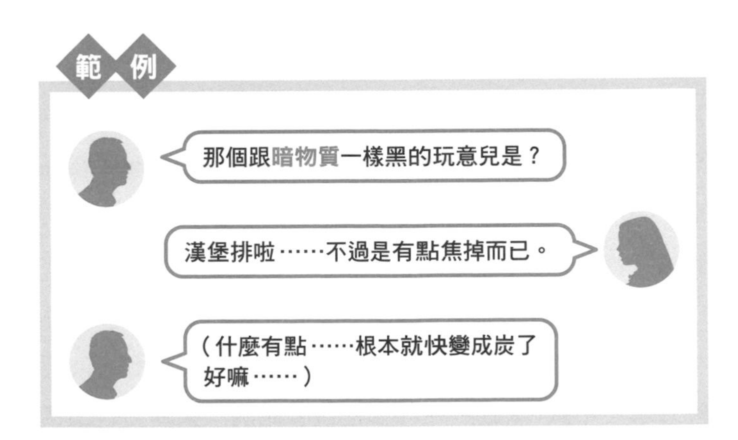

來無影去無蹤的殺手

自然殺手細胞

這名稱聽起來似乎很危險！不過，自然殺手細胞，其實就是「與生俱來的殺手」啦。

自然殺手細胞是一種白血球，取英文Natural killer的字首，因此又可稱為**NK細胞**。這種白血球也是負責攻擊腫瘤細胞或被病毒感染的細胞。

當自然殺手細胞發現要攻擊的目標細胞時，會先釋出**穿孔素**（Perforin），在目標的細胞膜形成孔洞，接著再將**顆粒酶**（Granzyme）注入孔洞中，促使目標細胞自殺。細胞自殺的過程又名為**細胞凋亡**（Apoptosis）。又是「穿孔素」，又是「顆粒酶」，又是「細胞凋亡」的，每個都像必殺技一樣，感覺好酷喲！

T細胞（一種白血球）必須接獲其他細胞的指令才能發動攻擊，不過NK細胞隨時都監視著體內，還能自行出招攻擊。感覺就像孤傲的一匹狼，真帥氣啊。

據說，「笑」也有助於提高我們體內NK細胞的活性呢。大阪國際癌症中心的報告便提到，漫才、落語這類喜劇表演能夠提升癌症患者的免疫力，甚至改善緊張、抑鬱、疲倦、腫瘤所帶來的疼痛等症狀。最近除了癌症治療之外，的確開始有不少醫院都把「笑」納入疾病治療項目中。

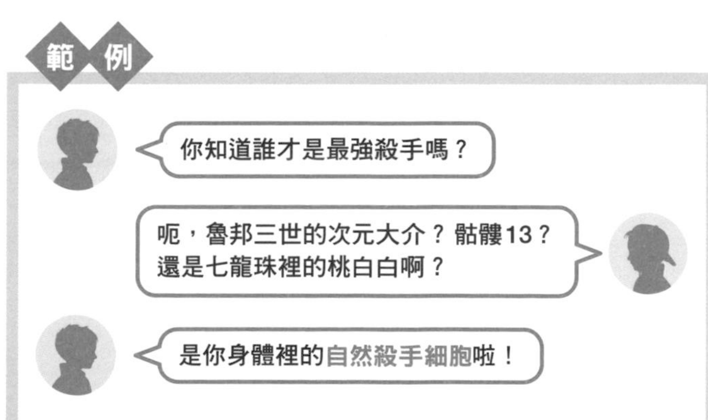

數學的斷捨離真讓人舒暢啊

部分分式分解

NO. 49 

分分分的……感覺就像是摩托車催油門的聲音！會讓人聽到上癮呢。

部分分式分解，是將分式拆解，讓分式變成幾個簡單分式的集合。在處理數列或積分問題時，部分分式分解能讓計算變得更輕鬆，所以常派上用場。

$$\frac{1}{x(x+k)}$$

$$=\frac{1}{k}\left(\frac{1}{x}-\frac{1}{x+k}\right)$$

（例題）

$a_1=1,\ a_{n+1}=a_n+\dfrac{1}{n(n+1)}\quad(n=1,2,3\cdots)$ 時，求出一般項 a_n。

部分分式分解

因此，$a_{n+1}-a_n=\dfrac{1}{n(n+1)}=\dfrac{1}{n}-\dfrac{1}{n+1}$

套入階差數列公式時，

$$a_n=a_1+\sum_{k=1}^{n-1}\left\{\frac{1}{k}-\frac{1}{k+1}\right\}\ (當n\geqq 2)$$

$$=1+\left(\frac{1}{1}-\frac{1}{2}\right)+\left(\frac{1}{2}-\frac{1}{3}\right)+\left(\frac{1}{3}-\frac{1}{4}\right)+\cdots\cdots+\left(\frac{1}{n-1}-\frac{1}{n}\right)$$

$$=1+1-\frac{1}{n}$$

$$=2-\frac{1}{n}$$

$n=1$時，$a_1=2-\frac{1}{1}=1$，所以$n=1$時也能成立。

$$\therefore a_n=2-\frac{1}{n}$$

像這樣利用部分分式分解，中間項就能相互抵消，讓算式變得清潔溜溜。舒暢程度就像玩俄羅斯方塊或魔法氣泡時，一口氣消掉所有障礙物一樣。實在有夠爽的啦！

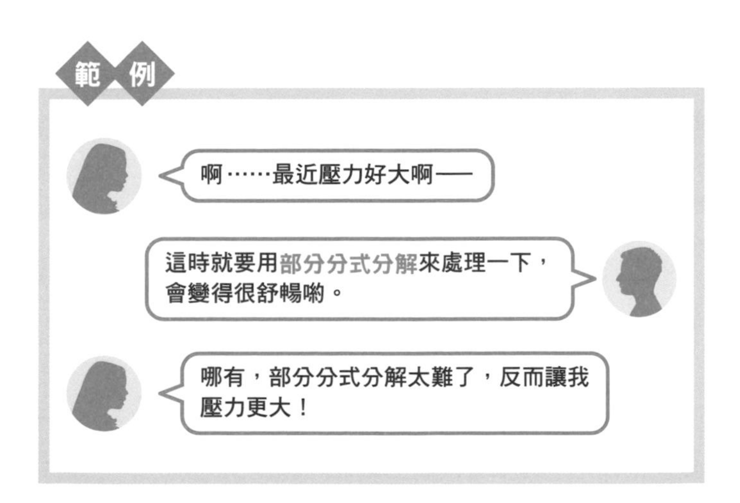

日本代表隊!?

朱鷺（*Nipponia nippon*）

NO. 50 | 生物 | 臭屁程度

明明就是「日本」的日文發音nippon，不過兩個nippon連起來有種莫名的滑稽感，真是有趣呢。

Nipponia nippon其實是朱鷺的學名。起初是由荷蘭鳥類學家特明克（Coenraad Jacob Temminck）於1835年命名*Ibis nippon*；接著在1852年時，德國的鳥類學家賴興巴赫（Ludwig Reichenbach）重新命名為*Nipponia temmincki*，並新增朱䴉屬（Nipponia）。後來英國動物學家格雷（John Edward Gray）又將朱鷺分類為*Nipponia nippon*，所以才會使兩者劃上等號。

過去朱鷺棲息在日本各地，卻因為濫捕等因素導致數量銳減，因此日本在1952年時將朱鷺列為特別天然記念物。

不過，隨著2003年飼養在佐渡朱鷺保育中心的最後一隻朱鷺死亡，日本產朱鷺也就從此滅絕了。

中國曾贈與日本一對朱鷺，目前也繁衍了不少後代。日本更進一步實施野放，慢慢增加野生朱鷺的數量。日本環境省更睽違21年之長，於2019年首度調整朱鷺的保育等級，從原本的「野外滅絕」變更為「極危」。

兵庫醫科大學山本義弘教授曾做調查，發現日本產與中國產的朱鷺在DNA表現上只有0.065%的差異，這細微程度相當於日本人彼此之間的基因差異呢。

範例

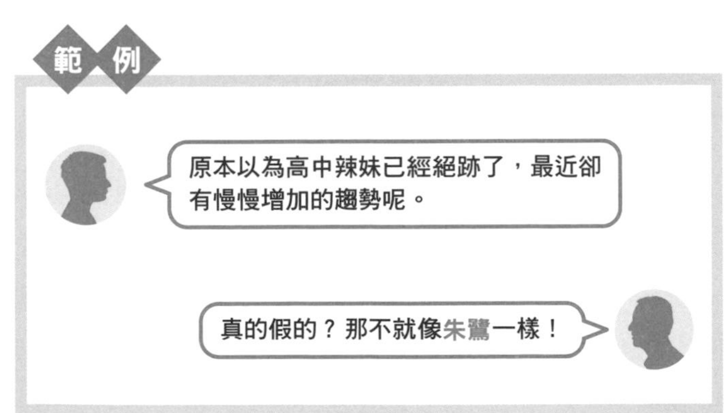

可不是一般滴管喲

球型刻度滴管

NO. 51 | 化學 | 臭屁程度

只要是做理化實驗都會看見！好喜歡球型刻度滴管的日文「こまごめピペット」的「こまごめ」（komagome）可愛發音！

球型刻度滴管是指玻璃管上方約三分之一處有膨脹，且頂端有個橡膠頭的滴管，是用來計量或取用少量液體的實驗器材。不過，這種滴管並不適合做精密量測，但因為使用上方便簡單，因而常見於學校的理化實驗。

這種滴管是在1920年代，由東京都立駒込醫院院長二木謙三發想出來的設計點子，所以日文名叫「駒込ピペット」。駒込醫院在當時主要負責治療罹患傳染病的患者，不過當時的滴管並不像現在這麼方便，必須用嘴巴吸取才能使用。這麼一來，採集傳染病患者的檢體時自然就伴隨不小的感染風險，於是二木院長想出了不用嘴吸的球型刻度滴管。

球型刻度滴管上的橡膠頭又可稱為「乳頭」(nipple)，不過說出來會讓人有點不好意思呢。

對了，**一般滴管**就只是單純吸取液體至他處的器材，**刻度滴管**則是可以量取所需用量，所以用途不一樣喲。

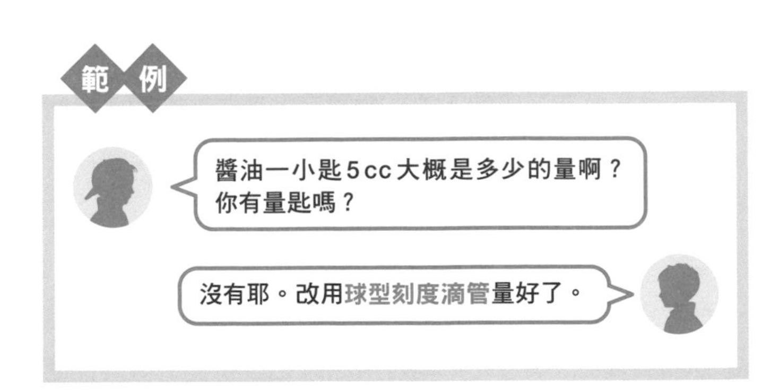

被抓到就別想逃！

口錐

NO. 52 |  | 

口錐的日文「バッカルコーン」常出現在活躍於日本ACG界的藝人中川翔子的部落格裡，相信御宅族們並不陌生呢！聽到會讓人不由自主地噴笑出來，對吧？

口錐（Buccal cone）其實是指「流冰天使」裸海蝶捕餌時，從頭部伸出來的六隻觸角。「Buccal」（バッカル）的意思是嘴巴的，「Cone」（コーン）則是指圓錐。

裸海蝶廣泛分布於寒冷流域，是螺的同類，不過長大後螺殼會消失不見。裸海蝶的身體大部分都是透明的，所以能夠看見體內非透明的內臟。牠還有一雙透明的腿，名叫翼足，並靠著擺動翼足在水中游泳。優雅的泳姿也讓裸海蝶獲得「流冰妖精」的美稱。

不過，裸海蝶可是會直接生吞活剝同樣為為螺類的蟠虎螺（*Limacina helicina*），牠會用口錐抱住獵物，再慢慢地吸取養分。裸海蝶明明看起來很可愛，其實還蠻可怕的呢((((； Д))))。

日本電視節目《冷知識之泉》（トリビアの泉）曾經介紹過裸海蝶，單元名稱就叫「『流冰天使』裸海蝶的捕餌方法很恐怖」。裸海蝶雖然很可愛，不過想到牠一邊舞動一邊吞食的模樣，實在有夠噁心的啦。

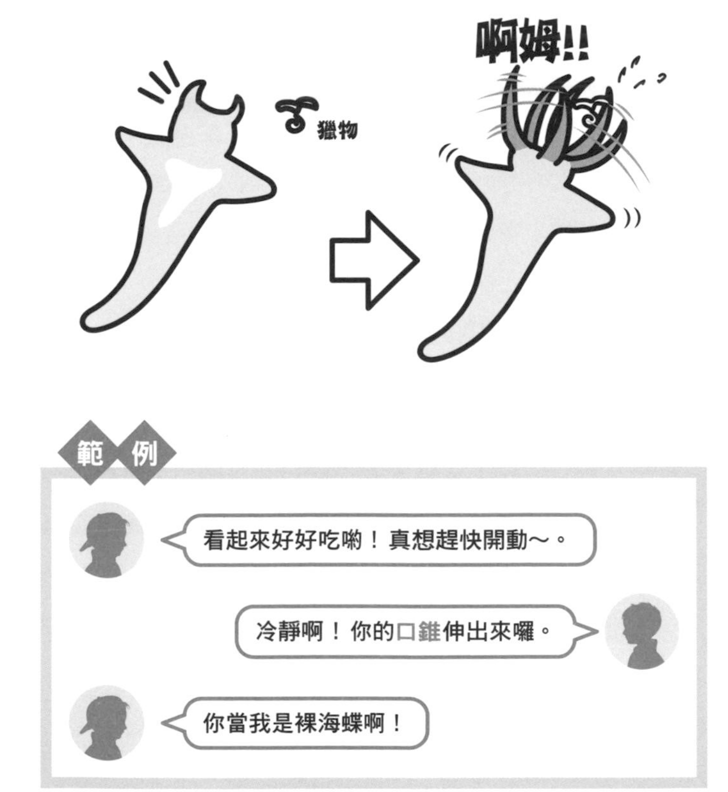

究竟換？還是不換？

蒙提霍爾問題

NO. 53

「蒙提霍爾」聽起來就很舒服，名稱也很美呢！**蒙提霍爾問題**是擁有製作人、慈善家等頭銜的蒙提霍爾（Monty Hall），在自己主持的電視節目中進行的一個遊戲。

這個遊戲的步驟如下。

①參賽者眼前有三扇關上的門。

・其中一扇門→中獎，獎品是汽車

・剩餘兩扇門→沒中（山羊）

②參賽者要選出一扇門。

③參賽者選好門後，主持人會從剩餘兩扇門中，打開沒中的那扇門，讓參賽者看裡面的山羊。

④參賽者可以改變心意，從原本選好的門換成尚未開啟的另一扇門。

Q. 參賽者是否該換門？

思考這個問題的時候，各位或許都認為「無論換不換，中獎的機率都沒變」，沒去做多想，不過實際上可不是這樣。因為「如果不換的話，中獎機率是1/3，但是換了之後，中獎機率會是1/3+1/3=2/3」，所以應該要換。

直覺反應的答案，竟然和依照機率算出的答案完全不同！就是這個題目的有趣之處啊。

範例

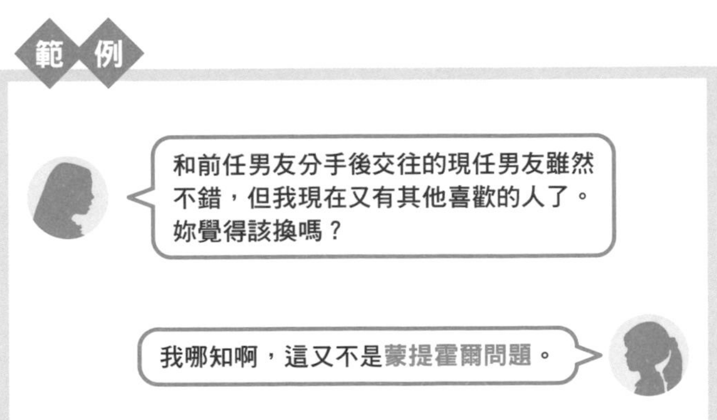

人類救星!?

誘導性多功能幹細胞

NO. 54 | 

| 臭屁程度

說到誘導性多功能幹細胞，各位可能會一頭霧水，簡單來說就是指**iPS細胞**（induced Pluripotent Stem cells）。

誘導性多功能幹細胞是指將特定基因以人工方式導入體細胞後，具備多功能性（能夠長成各式各樣不同的種類）的細胞。

京都大學山中伸彌教授率領的團隊領先全球，首度製造出iPS細胞，山中教授也因此於2012年獲頒諾貝爾生理醫學獎。

這種將成熟細胞重組、格式化，也就是讓細胞時間倒轉的手法非常跨時代性，期待能在今後的醫療與藥物開發上帶來幫助。

只要持續研究下去，未來說不定就可以人工再生各種組織與臟器。iPS細胞還有另一個好處，那就是可以直接取用自體細胞製作，如此一來將不用擔心移植時會出現的排斥現象。

對了，山中教授表示，iPS細胞之所以會刻意使用小寫的i，是因為希望它能像當初iPod問世時引起全球風潮一樣廣為普及。

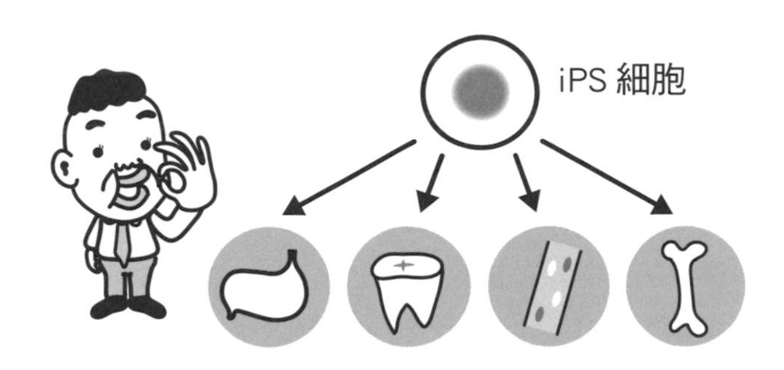

範例

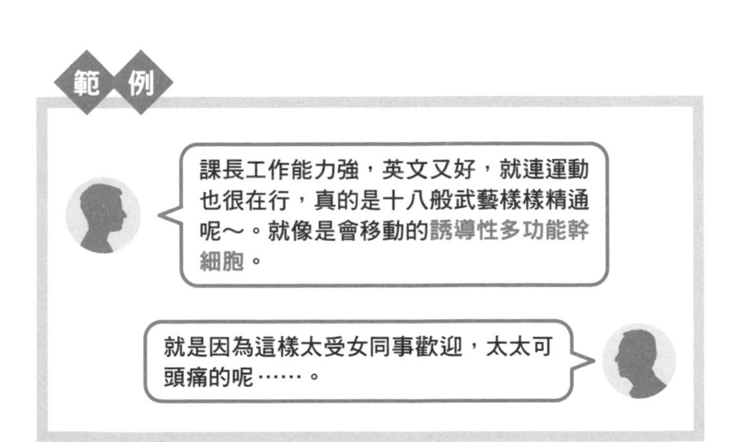

雨天要特別注意

水漂現象

NO. 55  

水漂（Hydroplaning）在日文裡寫作「ハイドロプレーニング」，就像是某種遊樂設施名稱一樣，感覺好酷喲。相信不少人都是在駕訓班學到這個字。

水漂現象是指當汽車等車輛行駛在積水道路時，水滲入輪胎與路面間，導致輪胎打滑，駕駛無法控制方向盤和煞車的情況。英文hydroplaning的hydro是「水的」意思，planing是指「滑行」。另外也可以改用「aqua」這個字首開頭（一樣是指「水的」），變成**aquaplaning**。

輪胎排水能力不及應對路面的積水量時，就會發生水漂現象。具體來說，當路面積水太多、輪胎溝深變淺、胎壓不足、車速過快時，都很容易發生打水漂。

如果此時急著轉動方向盤或踩煞車，那麼車子回到原本位置的同時也可能打滑。一旦遇到水漂，請把油門上的腳移開，不要踩煞車，筆直握住方向盤，「什麼都別做」反而是比較保險的作法。

1977年，葡萄牙航空的TAP 425航班在飛抵馬德拉機場時，因著陸失敗衝出跑道，造成131人遇難，調查後發現事故原因就是飛機打水漂。

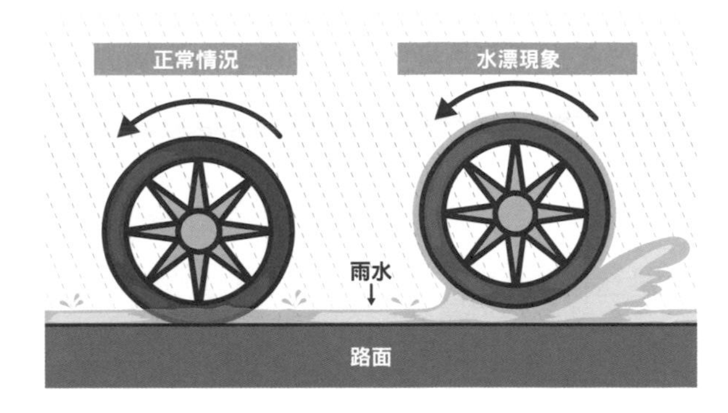

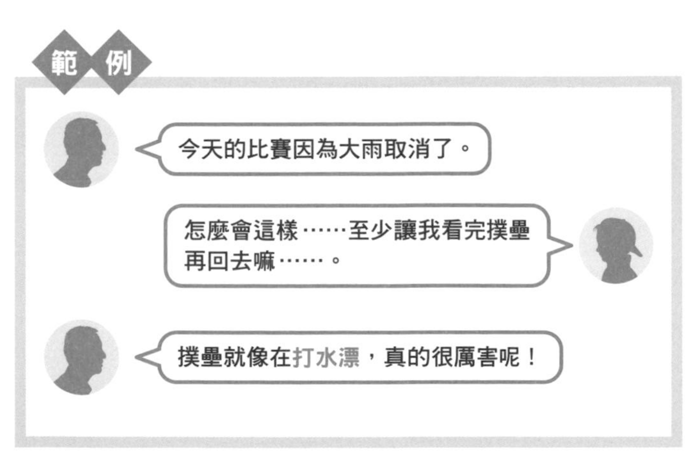

照理說要產生防禦力才對啊……

過敏性休克

NO. 56 醫學 臭屁程度

過敏性休克其實是一種嚴重的過敏反應，可能會伴隨咳嗽、蕁麻疹、眼睛癢，甚至呼吸困難、嘔吐、腹痛等多種症狀。

過敏性休克的英文「Anaphylaxis」，字根ana在拉丁文是指「再次」，phylaxis則是指「防禦」。具體來說，就是首次接觸原因物質（抗原）時可能只有輕微反應，但若是再次接觸的話，身體便會出現強烈的防禦反應。

有些過敏反應還會導致血壓急遽下降、意識模糊；嚴重時甚至會造成生命威脅，這種情況便稱為**過敏性休克**。

觸發過敏性休克的原因，包含有遭蜜蜂螫傷、吃到某種特定食物、服用某種藥物、接觸乳膠等。

一旦發生過敏性休克，必須立刻（30分鐘內）肌肉注射腎上腺素。注射腎上腺素能使血壓上升，減緩浮腫，甚至抑制會引起過敏反應的化學物質在體內的活動。不過如果處置速度太慢，就有可能在數十分鐘內死亡。

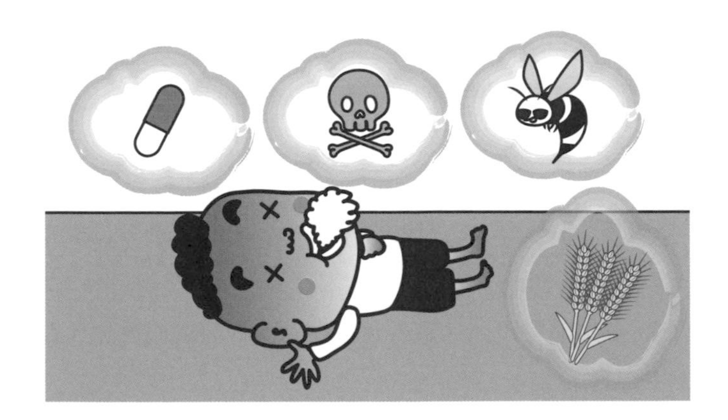

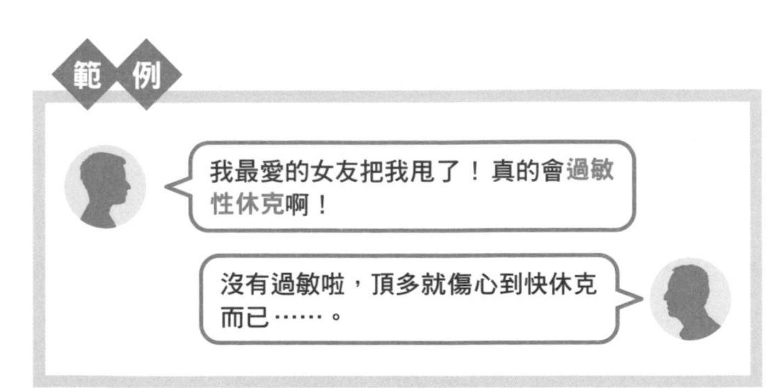

把衝擊通通吸收掉

避震器

NO. 57 | 物理 | 臭屁程度

避震器的日文「ショックアブソーバー」，就像是格鬥遊戲裡的招式或RPG角色扮演遊戲的道具名稱呢，感覺能夠有效防禦對手的攻擊。

避震器（Shock absorber）是指能夠吸收震動等衝擊的裝置。Absorber有「吸收裝置」之意。避震器常被作為車輛的防震裝置，能夠減輕反覆彈跳，儘快抑制震動。另外也有「Damper」等別稱。

一般而言，避震器的構造是在灌了油的汽缸中，插入帶有小閥孔的活塞。

避震器屬於車輛懸吊系統的一部分，能夠減輕反覆彈跳引起的壓力變化、穩定車體。另外還能改善**側傾**（轉彎時車輛重心往側邊偏移）、**車身俯仰**（減速時車輛前方的下沉感，以及猛踩油門時車輛前方的騰空感），對車輛而言是非常重要的零件之一。

不過，避震器並不能永遠保持高性能的吸收率，當里程數超過3萬公里，就會建議可以準備更換避震器。

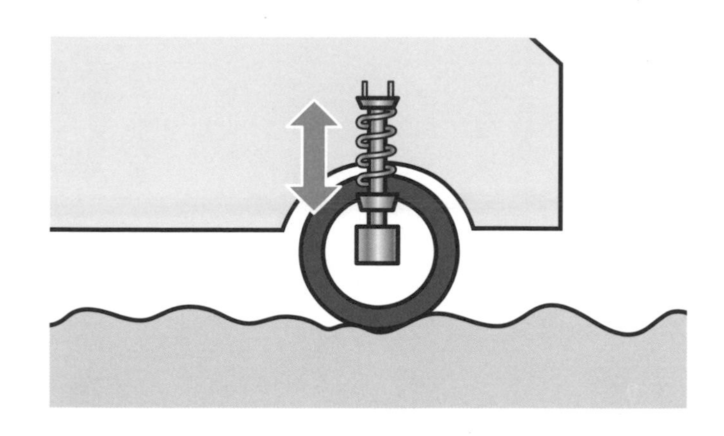

範例

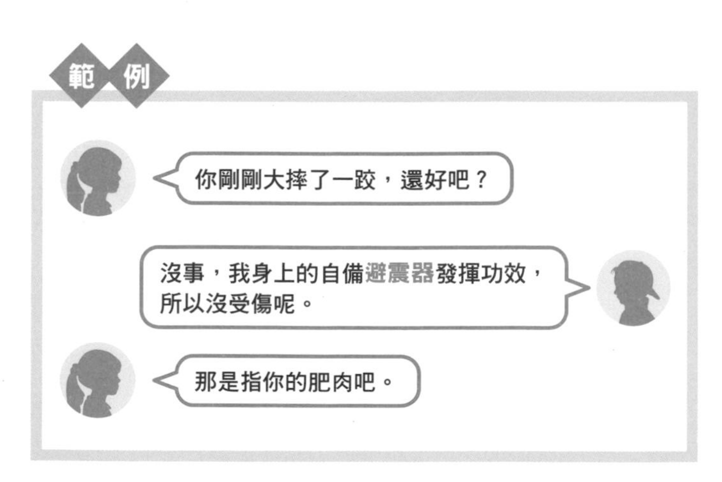

理科不思議③

目測就能大概知道液體的量。

看見偽科學就會渾身不對勁。

料理時，非得分毫不差地量取食材分量。

就算三更半夜都還會有人待在研究室。

看了苯的結構心情就莫名沉穩。

總是用機率來思考任何事物。

戴眼鏡的比例很高很高。

講話時，很容易先從結論開始說起。

都還鑾會畫圖的。

大學課堂上使用的教科書竟然都很貴。

第4章

變身理科達人！脫口就贏得眾人崇拜的用語23

給我點光啊……

眼前發黑

看不見邁向未來的光芒……完全無法前進……前面是一片黑暗……。別誤會，不是指這個意思。

眼前發黑如同字面的意思，是指眼前一片黑暗，出現短暫性意識斷片的情況。這是因為流至腦部的血液不足所導致的暈眩症狀，所以又名為「失神暈眩」。

此症狀所引發的疾病中，最具代表性的就是**心律不整**。心律不整是指心肌功能出現異常，心跳不規律，導致脈搏跟著不平穩的疾病。

造成心律不整的原因非常多，包含年紀增長、壓力、睡眠不足、疲勞等等，都很有可能觸發心律不整的症狀。另外，血壓劇烈變動也往往被認為是誘因之一。

脈搏偶爾會慢半拍，或是沒有上述症狀的心搏過緩（心跳速度較慢的心律不整）其實並不用太過擔心，但如果是突然暈眩或失去意識，那就代表腦部可能有其他尚未發現的疾病，建議儘早就醫檢查。

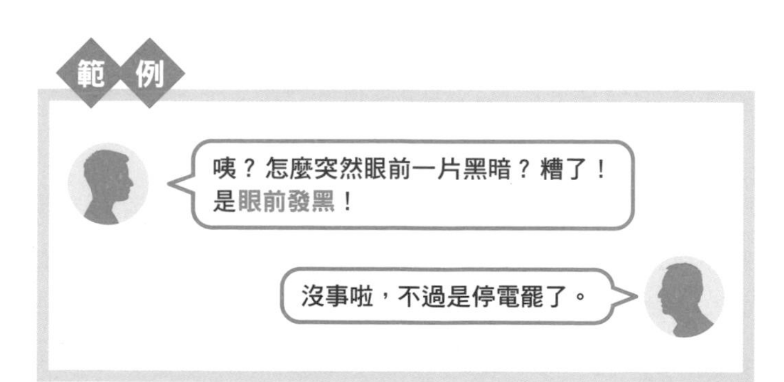

就是會發藍光的那玩意兒!?

氮化鎵

NO. 59 | 化學 | 臭屁程度 

我自己好喜歡這個名稱，特別是表示氮化物的日文「ナイトライド」，整個充滿速度感呢！

氮化鎵（Gallium nitride）其實是指原子序數31，也就是鎵（Ga）的氮化物（氮與元素活性比氮更強的物質結合成的化合物）。

氮化鎵是一種半導體，多半被作為**藍光LED**（發光二極體）的材料。研發出藍光時任日亞化工（德島縣）的中村修二，參與了藍光LED的研究開發，而他也和赤崎勇、天野浩於2014年共同獲得諾貝爾物理學獎。

氮化鎵的特性包含了啟動（on）時的阻抗低，損耗功率較小，以及熱傳導性佳，散熱快，另外製造成本更低於矽膠，可說優勢眾多。因此氮化鎵被視為次世代半導體，期待除了藍光LED外，還能運用在其他不同用途上。

舉例來說，以氮化鎵為材料的充電器即便體積小，輸出表現還是很棒，能快速充電，另外還不易發熱。目前市面上已可見相關產品，非常受歡迎呢。

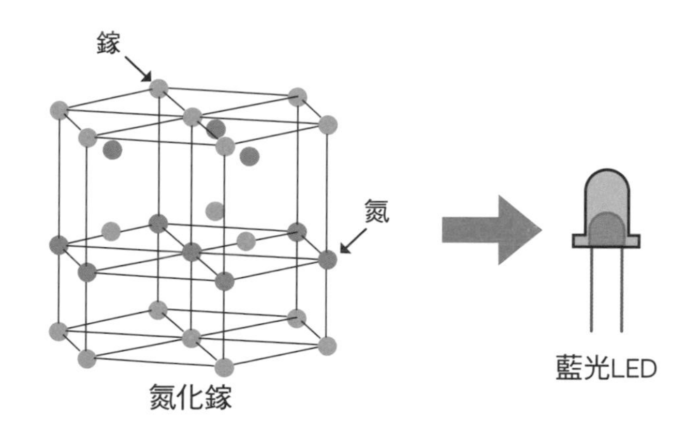

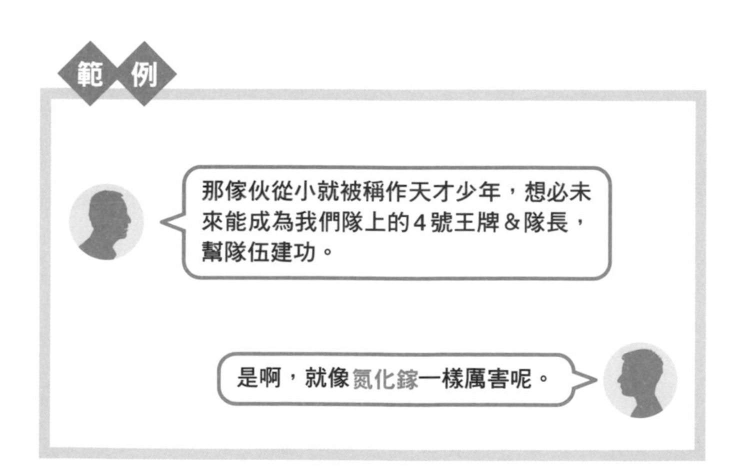

如果是掉餅乾該有多好

天降異物現象

NO. 60 | 地科 | 臭屁程度

各位對這名稱可能會有些陌生，不過在日本樂團「世界末日」（SEKAI NO OWARI）的歌曲「RAIN」裡頭也有提到呢。

天降異物現象的日文「ファフロツキーズ」（發音為fafrotskies）其實是FAlls FROm The SKIES（從天而降）的簡稱，意指從天空掉落大量魚、青蛙等「不該出現在該處的東西」，日文又名為「怪雨」。

早從西元紀年前開始，世界各地就都有出現天降異物的紀錄。雖然部分說法認為這是龍捲風或突然來襲的颮風所導致，不過目前尚未釐清真因。

宏都拉斯共和國有個名叫優洛（Yoro）的省分，據說這裡每年5～7月會下「魚雨」，當地人會把魚撿來烹調食用。優洛甚至每年都會舉辦「魚雨節」。

2001年印度的喀拉拉邦（Kerala）也因為下了紅色的雨（**喀拉拉紅雨**）而蔚為話題。調查這個雨的成分後，發現雨的紅色是來自一種藻類的孢子。不過目前仍無法得知原因究竟為何。

無獨有偶，2009年日本石川縣也曾下了約100隻蝌蚪的「蝌蚪雨」，北海道也在比較近期的2018年降下約40條小魚的「魚雨」，蔚為一時話題。

哇，衣服從天空掉下來耶！難不成這就是**天降異物現象**？

應該只是曬晾的衣服被風吹落吧。

大家全部靠在一起就不用害怕!!

熱殺蜂球

NO. 61 | 生物 | 臭屁程度

這名稱就像四字成語，真不錯，感覺像是火屬性角色會施展的攻擊招式。

當重量是東洋蜂30倍重的天敵大虎頭蜂，入侵東洋蜂的巢穴時，數百隻東洋蜂工蜂會包圍住大虎頭蜂，並用收縮肌肉和拍振翅膀的方式，把大虎頭蜂蒸死。這就是**熱殺蜂球**。

與耐熱程度可達50度的東洋蜂相比，大虎頭蜂的耐熱程度只有44～46度，於是，東洋蜂便很本能地利用了這個特性攻克敵人。

不過，很難過的是，飛至最接近大虎頭蜂的數十隻東洋蜂工蜂還是會被體型龐大，有著巨型下顎的大虎頭蜂咬死。這數十隻工蜂用自己的犧牲，保全了巢穴中數萬隻東洋蜂的性命。

順帶一提，西洋蜂的熱致死溫度比東洋蜂低，所以沒辦法使出熱殺蜂球。不過，西洋蜂的工蜂會大群湧上，發揮絕招「**悶死球**」（asphyxia-balling），壓住大虎頭蜂使其窒息而死。

今天搭到擠滿乘客的電車，快把我熱死了，根本就是**熱殺蜂球**狀態。

我剛來東京時也有嚇到，不過也讓自己適應。

會產生大量星星!?

星暴星系

NO. 62  

「星星」「爆裂」開來……這個名詞感覺充滿大宇宙的浪漫情懷呢。

在短期間（約1000萬年）內形成大量星星的現象稱為「星暴」，能看見星暴的星系就名叫**星暴星系**。大熊座的M82星系就是很有名的星暴星系。

一般而言，星星要變成像「恆星」一樣非常完整獨立的狀態，至少需要100萬年的時間。這麼說來，1000萬年就能形成星系可說相當迅速呢。

星暴星系所形成的星星壽命為100萬～1億年，與其他星星相比不僅壽命短暫，還會以**超新星爆發**的方式結束生命。星暴後大約經過1億年發生超新星爆發，這時星系外側會吹起氣團。此現象名為**星系風**（galactic wind）或**星系巨風**（galactic superwind）。

星暴星系裡，除了有位於中心區域，會形成星爆的**盤狀星系**與**碰撞合併星系**外，還包含了位於整區或部分區域，會形成星爆的**藍緻密矮星系**（blue compact dwarf galaxy）。

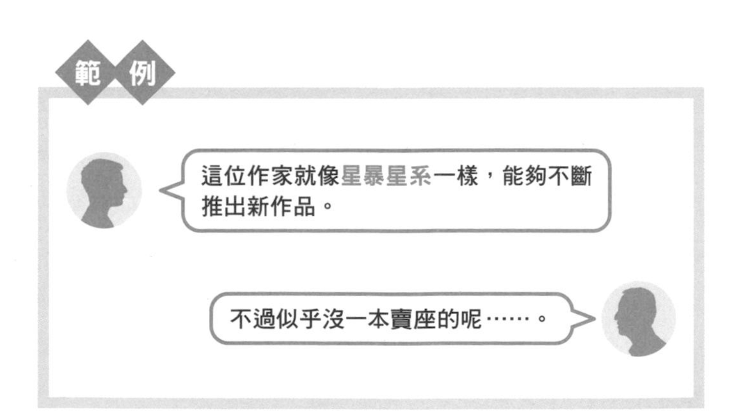

為什麼不是1,3,5？

2,4,6-三硝基甲苯

NO. 63 | 化學 | 臭屁程度

「三硝基甲苯」從「2,4,6」開始一直堆疊上去……感覺會沉重到讓人麻掉耶！在化學用語裡，這應該也是帥氣程度數一數二的名稱吧。

2,4,6-三硝基甲苯（2,4,6-trinitrotoluene），是指將甲苯苯基中，與排序第2、4、6的碳結合的三個氫，取代成硝基（$-NO_2$）的有機化合物，又可簡稱為**TNT**。「tri」是希臘文「3」的意思，用來表示結合的硝基數量。

2,4,6-三硝基甲苯是TNT炸藥的主成分，會被用來做成軍事爆裂物。TNT炸藥自二次世界大戰開始被大量使用。其實早在日俄戰爭的時候，日本發明家下瀨雅允就以**苦味酸**（2,4,6-三硝基苯酚）製作出炸藥（下瀨火藥），這種炸藥更幫助日本瓦解俄國的波羅的海艦隊。但是下瀨火藥本身非常不穩定，有發生爆炸事故的風險，於是相對穩定的TNT炸藥便取代了下瀨火藥。

另外，TNT炸藥也被用來對照核武的威力程度，1百萬噸級（megaton）相當於100萬噸的TNT炸藥。1961年，蘇聯原本要在一場核武試驗中引爆爆炸威力高達1億噸（100百萬噸級）的氫彈「**沙皇炸彈**」（Tsar Bomba）。雖然最後將威力減半，不過「沙皇炸彈」的威力仍是廣島原子彈的3300倍左右。引爆炸彈後實際產生的震波甚至繞行了地球三圈。

我再也無法忍受經理的蠻橫無理了！

我非常懂你的心情，不過可別讓心裡的**2,4,6-三硝基甲苯**炸開來啊。

看見的話說不定會有好事發生呢♪

環天頂弧

NO. 64 | 地科 | 臭屁程度

環天頂弧的日文「環天頂アーク」，既有漢字又有平假名，看起來就很協調，真酷！這也是我個人很喜歡的用語之一。

環天頂弧是指太陽上方出現彩虹般光帶的現象。較靠近太陽的光線顏色是紅色，另一側則是紫色。因為以**天頂**（觀測者頭頂正上方位於天球上的點）為中心的環狀光就像是個圓弧，所以被稱為環天頂弧，也可稱作**倒彩虹**。

太陽光通過空中大氣裡的冰晶（細小的冰塊結晶）折射後就會形成環天頂弧。當太陽仰角高於32度時，光線穿過冰晶後會發生全反射，所以無法看見環天頂弧。

有一個與環天頂弧很像的名稱，叫作**環水平弧**（譯註：中文較常稱作環地平弧、火彩虹）。不過環水平弧是指太陽下方出現水平彩虹光的現象。環水平弧和環天頂弧一樣，都是太陽光通過冰晶產生折射後形成。太陽仰角必須高於58度才會出現環水平弧。

其他的天文現象，像是與太陽有段距離的等高處出現白光或彩虹光的「**幻日**」、太陽正下方與地平線間出現一條白光的「**日下暈**」(Subsun)，以及日下暈兩側分別出現一道彩虹光的「**Subparhelia**」(日文為映幻日)。

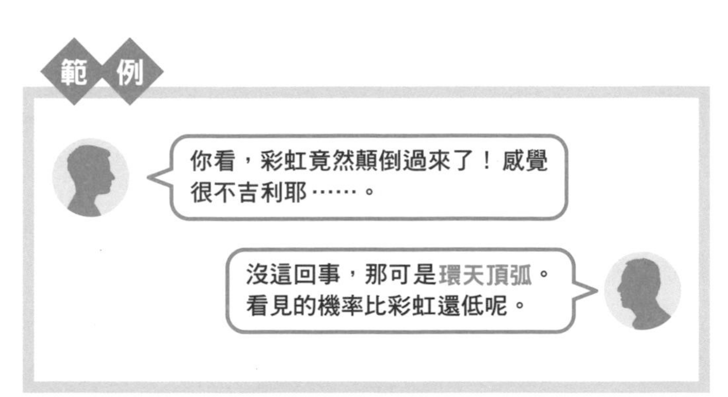

這麼一來你也能是料理高手！

萊頓弗羅斯特效應

NO. 65  

臭屁程度

感覺像是會出現在遊戲裡的名稱，可以對所有敵人使出雷屬性或冰屬性的攻擊招式呢。

萊頓弗羅斯特效應，是指把液體滴在溫度遠高於沸點的固體表面時，液體不會瞬間蒸發，並在固體表面滑動的現象。1756年，德國醫師萊頓弗羅斯特（Johann Gottlob Leidenfrost）在論文中提到此現象，於是以其命名。

經高溫加熱後，部分液體會蒸發形成氣膜，這時液體會與鐵等材質的固體表面相隔開來，使得熱傳導受阻，並形成萊頓弗羅斯特效應。

在家中其實也能重現此效應。只要將啤酒倒入充分加熱的鐵製平底鍋中，就能看見啤酒在平底鍋裡滾來滾去。

2015年，英國的大學開發出以萊頓弗羅斯特效應為原理的發電機構。若將乾冰放在加熱過的金屬上，乾冰就會形成萊頓弗羅斯特效應開始不停轉動。接著就可利用乾冰的轉動，透過電磁感應發電。火星蘊藏著大量乾冰，或許將來就能在火星設置發電廠。

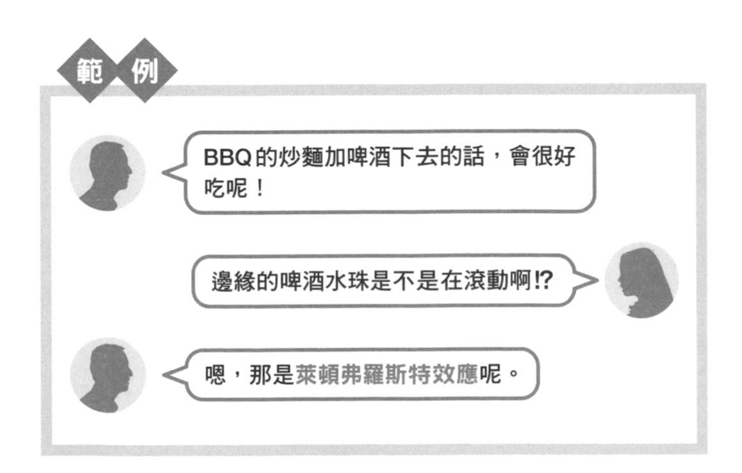

一直游，游到死……

死滅迴游魚

NO. 66 | 

臭屁程度 

這名稱聽起來不是很吉利，但並不是指魚死掉變成殭屍游泳的意思喲。

死滅迴游魚（日文為死滅回遊魚）是指春季至秋季期間，跟著黑潮一起來到日本太平洋沿岸（伊豆半島等地）的熱帶魚幼魚，日文又名為「**季節來遊魚**」。

只有熱帶魚會是死滅迴游魚，且顏色多半非常鮮豔。一旦到了冬天，水溫下降時，死滅迴游魚幾乎會全部死掉，真是既短暫又虛幻的一生啊。

死滅迴游魚乍看之下死得很冤枉，但似乎也不是這麼回事。只要當中有些魚能夠撐過冬天，繁衍子孫的話，那麼就能形成新的棲地，對於種族續存帶來貢獻。另外，如果能在遠離原本棲地的環境與近緣種交配產下子孫，那麼將有機會誕生新物種，對生物演化有所助益。

另外，不少熱帶魚都有大夥兒團結一致的保命特性。就像李歐・李奧尼的繪本《小黑魚》（*Swimmy*）的主角一樣，就算變得孤零零，還是能和相遇的夥伴們一同打造新的棲地。名稱裡帶有「死滅」，卻能打造出新生命和新棲地，這種魚實在真浪漫呢。

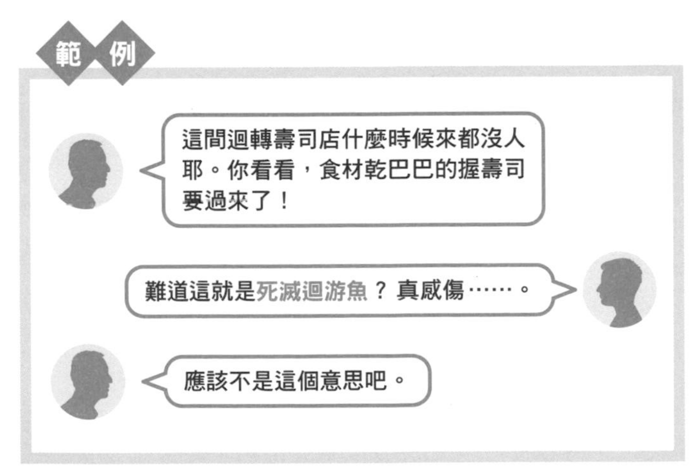

尼龍6的原料

ε-己內醯胺

NO. 67 | 化學 | 臭屁程度

化學用語中，ε-己內醯胺聽起來數一數二的響亮呢！跟別人說話時如果能用到，一定會讓人覺得佩服。

ε-己內醯胺是一種名為內醯胺（環狀醯胺化合物）的分子物質，為醯胺與正己烷（n-Hexane）兩端合成相連的結構，又名為ε-氨基己酸。

其化學式為$C_6H_{11}NO$，分子量為113.16，熔點為69.3℃，沸點為270℃，具備吸溼性，形狀為葉狀結晶，能充分溶於水或乙醇裡。

另外，ε-己內醯胺也是尼龍6纖維的原料，藉由ε-己內醯胺的**開環聚合反應**（搭配少量的水加熱，環狀醯胺就能行開環反應），製作出尼龍6。

ε-己內醯胺可用濃硫酸作為催化劑，經由**柏克曼重組**

（Beckmann rearrangement）來大量生產。然而過程中有個瓶頸，那就是也會形成大量且有害的硫酸銨副產物。但改用沸石作為觸媒後，便不再產出有害物質，使ε-己內醯胺得以大量生產，儼然成為目前最受注目的新製法。

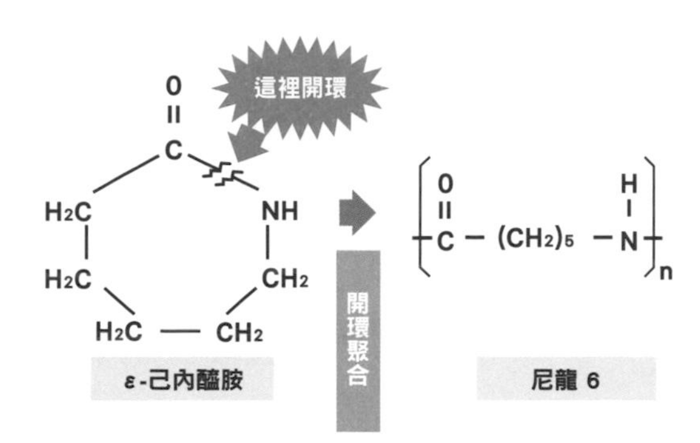

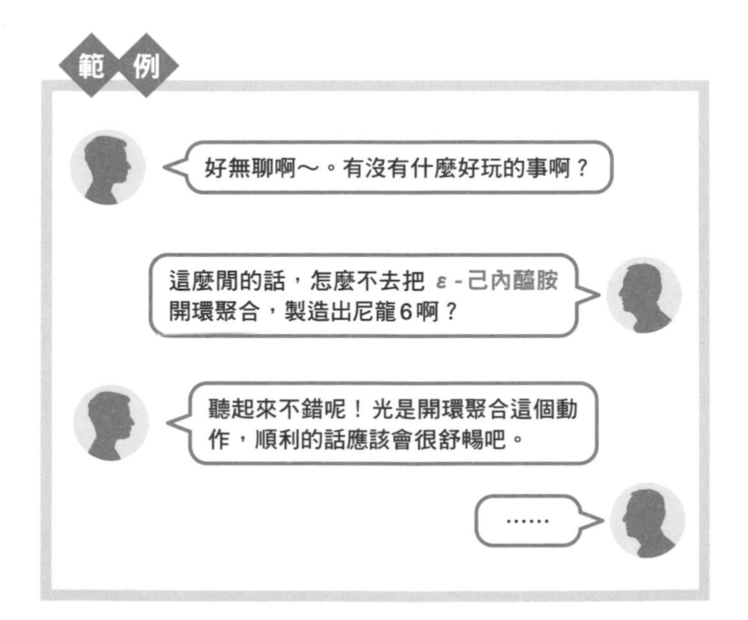

南方的天空會特別明亮

北落師門（Fomalhaut）

NO. 68 | 地科 | 臭屁程度

不管是「北落師門」還是「Fomalhaut」聽起來都很唯美呢，這也是我個人很喜歡的用語。

Fomalhaut是南魚座的一等星。而南魚座是秋天夜晚會在南方低空發亮的星座，位置大概落在水瓶座的南方。Fomalhaut這名稱原本是阿拉伯文「大魚之口」的意思。位置更如其名，在南魚座的魚嘴附近。

Fomalhaut在中國則名為**北落師門**。北落代表著「北方圍牆」，師門代表「軍隊之門」。為何位於南方天空的星星會取名「北」字呢？據說是因為中國認為夏秋季的星座隸屬於「北方」。相傳如果無法清楚看見北落師門這顆星星時，就代表軍隊已經滅亡。

秋季星座裡，只有北落師門是一等星。附近完全沒有明亮的星星，所以讓北落師門看起來更加閃耀。北落師門成為秋天南方天際裡最醒目的那顆星，自古以來更是船隻航行時的指引。

另外，日本歌手今井美樹的歌曲「PRIDE」中，一開始就唱到「南方的一顆星星」（南の一つ星），據說就是在說北落師門呢。

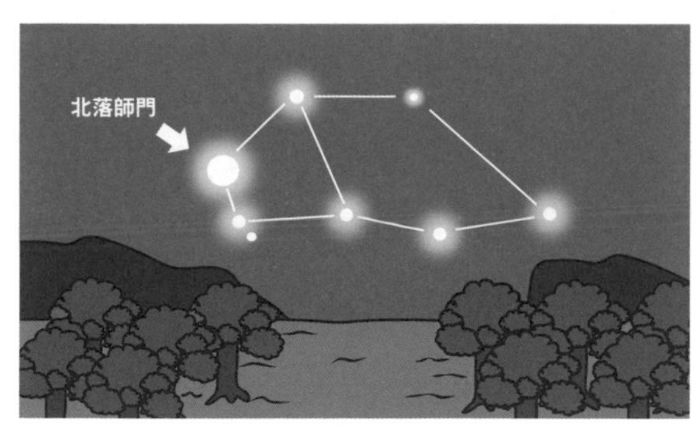

範例

沒關係，不用。有看到那邊在發亮的北落師門嗎？就以它為依據繼續前進吧。我可不想仰賴導航呢。

……這應該就是你的PRIDE吧。

這裡非常脆弱，很容易受傷呢……

克氏靜脈叢

NO. 69 | 醫學 | 臭屁程度

Kiesselbach……嗯，會讓人想一直唸出來的衝動呢。

克氏靜脈叢（Kiesselbach's plexus）是指將鼻孔（鼻腔）分成左右兩區的結構（鼻中隔）中，位於前方非常柔軟的部位。這個部位的表面分布有網目狀的血管，黏膜也非常薄，容易出血，所以會流鼻血大多數的情況都是因為克氏靜脈叢出血。

之所以會取名克氏靜脈叢，是因為發現這個部位的人是德國耳鼻喉科醫生克塞爾巴赫（Wilhelm Kiesselbach）。克塞爾巴赫是一名耳鼻喉科的專科醫師，甚至著有《鼻血》（*Nasenbluten*）一書。這書名也太直白了吧……。

當鼻血血流不止時，可將衛生紙慢慢塞入鼻孔內，深度大約1公分的位置。接著稍微施力按壓鼻子，並等個10分鐘左右，就能慢慢止住鼻血了。不過，若等待期間更換衛生紙的話，可能會對鼻腔造成刺激，反而帶來更大量的出血。所以塞了衛生紙後，就要忍住，稍待片刻。

另外，站姿或坐姿的止血效果會比躺著來的好，這是因為出血處高於心臟的關係。不過，臉抬高可能會讓鼻血流入喉嚨，導致嗆到或不舒服，所以要記得收下巴，把臉稍微下壓。

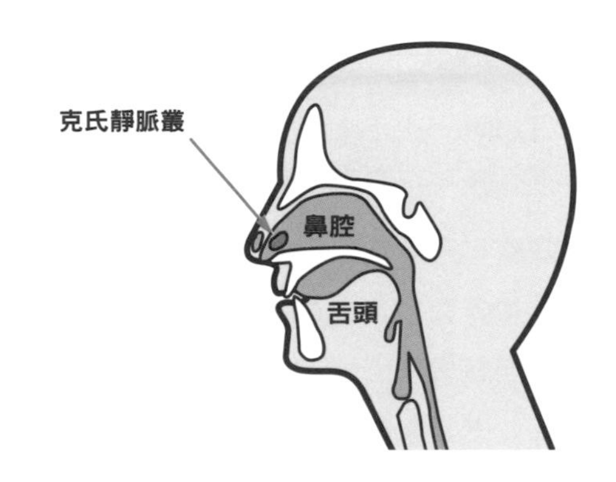

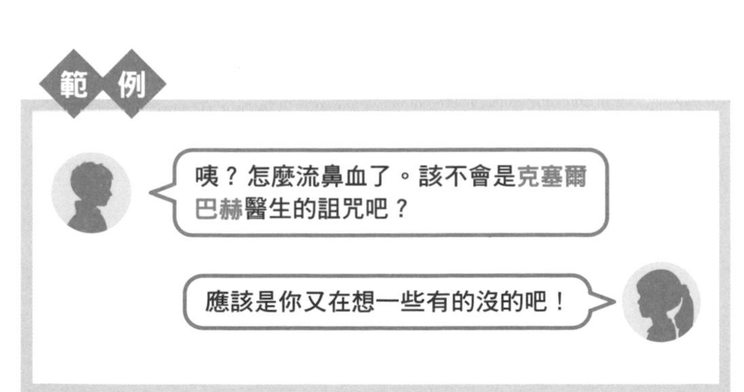

控制不住的暖化!?

失控溫室效應

NO. 70 | 地科 | 臭屁程度

失控（日文為暴走）聽起來就很中二，感覺會脫口說出「……快滾……不想死的話快滾遠一點！！」之類的話。我的邪氣眼好痛啊……。

失控溫室效應，是指當行星吸收來自太陽的能量超出了朝宇宙射出的量時會出現的現象。目前認為一旦發生失控溫室效應，氣溫就會不斷攀升，大氣裡的水蒸氣量也會持續增加（稱作「溫室效應失控」），使得海水蒸發，海洋水量大幅減少。

與地球有著許多相似之處的金星，在形成階段的初期，就曾遭遇過失控溫室效應所引發的一連串溫度遽升過程，又稱為**金星症候群**（Venus syndrome）。後來，根據歐洲太空研究組織的金星探測任務與探測器調查，發現就是因為金星症候群，才導致金星成為太陽系中最熱（平均氣溫約470℃）的行星。

另外，也有人認為地球形成初期，其實也經歷了失控溫室效應的暖化過程。原始地球的表面覆蓋了一層**岩漿海洋**（Magma Ocean），當時的水是以**水蒸氣**的形式存在於地球上。由於水蒸氣屬於一種溫室效應氣體，所以推測地球的水蒸氣引發了失控溫室效應。不過目前仍無法得知具體情況為何。

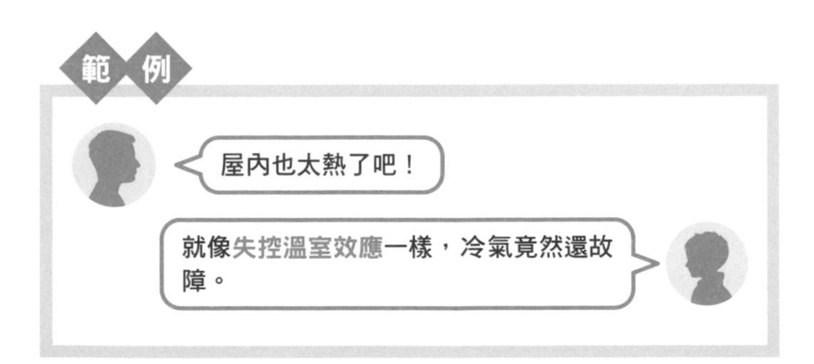

這個Lyon不是那個Lion喲～

里昂化

NO. 71 | 生物 | 

里昂化（Lyonization）裡頭又有類似「Lion」（獅子）的發音，「zation」聽起來也很酷，感覺就很吸睛。

里昂化其實是指X染色體（能夠決定性別的染色體之一）的去活化。是由瑪莉・里昂（Mary Lyon）提出，所以名為里昂化。

以人類、貓等許多哺乳類而言，雄性是由XY（細胞核內有各一條的X、Y染色體）構成，雌性則是由XX（細胞核內有兩條X染色體）構成。雌性擁有兩條X染色體，而其中一條X染色體是被去活化的。

絕大多數的三色貓都是母的，這其實也和里昂化有關。三色貓的三種毛色中，控制貓毛是褐色的大O基因與控制貓毛不是褐色的小o基金都在X染色體上。如果是各有一條大O與小o基因的貓咪，那麼其中一條會隨機地被去活化，這時就會出現反應大O基因，毛色為褐色的部分，以及反應小o基因，毛色為其他顏色（黑或白）幾個不同的區塊，使貓咪帶有三種毛色。

大約3萬隻的三色貓才會出現一隻公貓，不過這個現象也被認為是一種名為**克蘭費爾特氏症候群**（Klinefelter's syndrome，出現兩條X染色體與一條Y染色體）的染色體異常。因為有兩條X染色體，所以會和母貓（XX）一樣，其中一條染色體被隨機去活化，進而出現三種毛色。

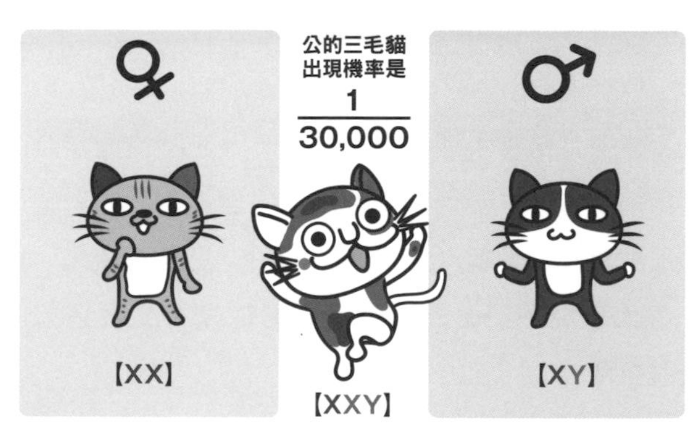

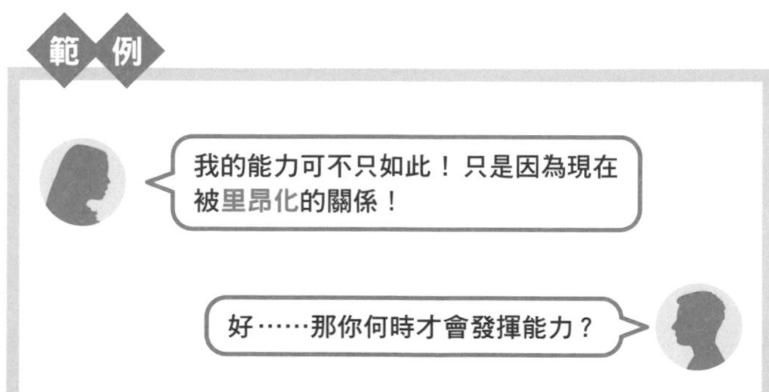

說不定會遇見天使

反雲隙光

NO. 72 | 地科 | 臭屁程度

這名稱可以聯想到很多特效呢。說不定就像超人力霸王的斯佩修姆光，能夠打倒巨大怪獸呢。

反雲隙光是指當太陽被雲層覆蓋時，光線從雲縫滲出，並在接觸到雲或水蒸氣時出現反射，讓放射狀光束朝太陽的相反位置集中收縮。反雲隙光的日文又名**裏後光**。相反地，從太陽周圍射出的光線稱為**雲隙光**（又暱稱天使階梯、雅各階梯）。

太陽角度較低的早晨或傍晚較容易看見反雲隙光。只要覆蓋住太陽的雲朵不僅厚到能夠阻擋陽光，同時還存在縫隙，且大氣中充滿大量水蒸氣的話，就會形成反雲隙光。

日本則是偶爾能在夏季目擊反雲隙光的現象。高山、熱帶島嶼、飛行中的飛機也是被認為較容易看見反雲隙光的地點。

沖繩當地會把出現在夏季傍晚天空中，朝東西方延伸開來的深藍色光條稱作「**風根**」（カザニ）或「**風の根**」（カジヌニィー）。從西邊上空通過天頂來到另一側地平線的單柱光條則稱為「**天割れ**」（ティンバリ）或「**天女の帯**」。這些都代表附近出現積雨雲，是暴風雨的前兆。

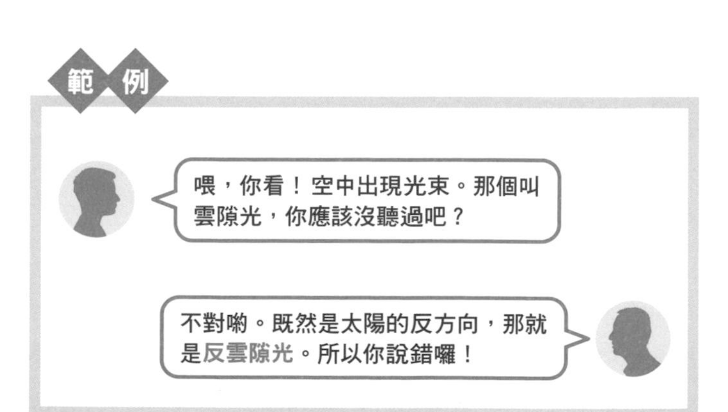

不要消失啊！

雙胞胎消失症候群

NO. 73 ｜ 醫學 ｜ 臭屁程度 

雙胞胎消失？這是分身術的別稱嗎？感覺可以連續使出兩次攻擊呢！

雙胞胎消失症候群，是指確定為雙胎妊娠（懷雙胞胎）後，卻在懷孕的初期階段流掉其中一胎的情況。英文名為「Varnishing twins」。由於胎兒就像是被母體吸收後消失，所以被稱為雙胞胎消失症候群。醫學上會診斷為「雙胎妊娠，一胎死亡」。

幾項研究指出，雙胎妊娠出現雙胞胎消失症候群的比例超過三成，且多半發生在妊娠第六～七週階段，八週後便幾乎不會發生。

即便出現雙胞胎消失症候群，基本上並不會對體內活下的胎兒帶來影響，但還是有可能出現某些罕見情況，像是死去的胎兒殘留在活下來的胎兒的體內。2015年，有位

26歲的美國女性進行一場摘除腦部腫瘤的手術，術後卻發現腫瘤其實是個胎兒，裡頭更保留了骨頭、頭髮、牙齒等組織。醫院研判應該是該名女性還是母親體內的胚胎時，遇到了雙胞胎消失症候群所導致。

聽說你是雙胞胎啊？不過我每次來都沒看到另一人，他是在哪裡啊？

今天似乎沒來耶。大家都說我有**雙胞胎消失症候群**，會使出讓雙胞胎消失的招式。

這個鏡不是指眼鏡喲

銀鏡反應

NO. 74

「銀鏡」……聽起來就好有時尚感啊。

銀鏡反應是檢出有無甲醛或葡萄糖時會用到的反應，另外也會用於鍍銀或生產鏡子的製程中。會名為銀鏡反應，是因為銀析出後會附著於試管壁，就像鍍銀一樣，形成銀鏡般的效果。

首先，將硝酸銀溶液倒入試管中，接著再逐次加入少量的氨水。等液體中的褐色沉澱消失變透明後，再加入試料並予以加熱。如果試料內含還原性物質，將會析出被還原的銀，這時試管內壁就能形成銀鏡。

銀鏡反應很有名，就連日本高中的化學課也有提到。不過，實驗時，硝酸銀和氨反應後，可能會生成**爆炸性的含銀物質**（Fulminating silver）並引發事故，所以做實驗務必非常小心。

對了，其實還有用來檢出有無糖或進行定量的斐林試驗（Fehling's Test）以及本納德試驗（Benedict's Test），只要使用抗壞血酸等較強烈的物質作為還原劑，就能析出銅薄膜，附著於容器內壁（鍍銅），所以又名為**銅鏡反應**，聽起來也很時尚對吧！

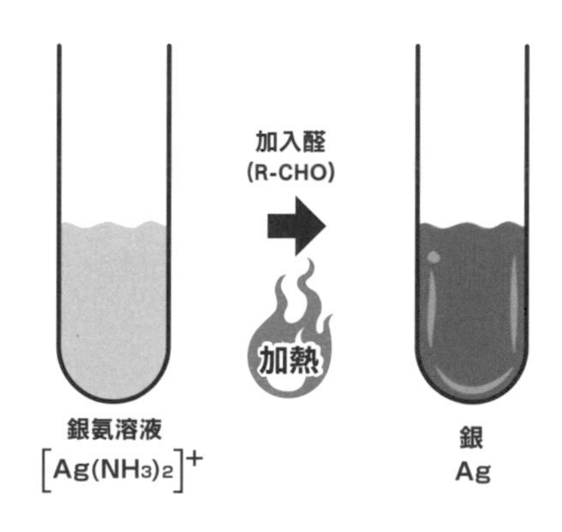

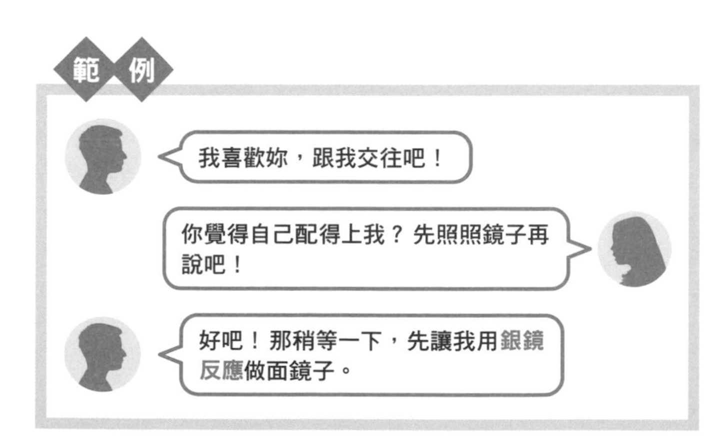

從冥王星到歐特雲

海王星外天體

NO. 75 | 地科 | 臭屁程度

海王星外天體「Trans-Neptunian objects」雖然有點長，不過充滿語感呢！

海王星外天體是繞行在海王星（Neptune）軌道之外的天體總稱。在日文中，海王星外天體又稱作「太陽系外緣天體」，從名稱不難想見其落在太陽系邊陲的位置呢。

1990 年代後，海王星軌道之外陸續發現了許多天體，於是人們將這些天體統稱為海王星外天體。

這些天體中包含了**古柏帶**（天體密集的中空圓盤狀區域，Edgeworth-Kuiper belt）、**歐特雲**（存在大量小行星和冰、塵埃等物質，將太陽系圍繞成球狀的區域，Oort cloud），連**冥王星**（Pluto）也涵蓋其中。

太陽系形成時便存在著微行星，而海王星外天體被認為是殘留下來的微行星。據說這些微行星還能成為其他新誕生行星的材料，因此備受注目。

另外，甚至有人認為在太陽系裡，還有一個軌道遠在海王星之外，充滿神祕感的「**第九行星**」（**Planet Nine**）。順帶一提，冥王星過去被視為第九行星，但目前已從行星之列中除名。

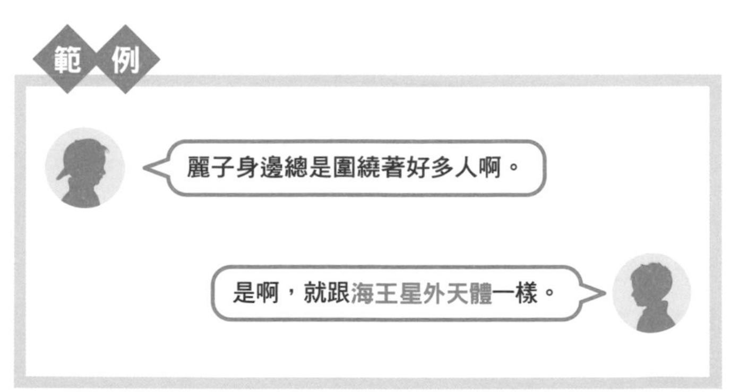

頭上會長出腳!?

觸角足突變

NO. 76  

每當提到「突變」這個詞，都會讓人內心不由自主地緊張一下呢。

觸角足（Antennapedia）突變，是指發生在果蠅身上，頭部應該長出觸角（antenna）的地方竟然長出腳（pedis）的突變。研究人員發現，這個突變現象導因於果蠅頭部原本應該長出觸角的區域，出現會誘導腳部形成的基因，才會導致突變。如果是人類的頭上長出腳來，那可會把大夥兒嚇壞呢。

另外還有一種與觸角足突變十分相似的突變現象，叫作**雙胸（Bithorax）突變**。雙胸突變是指胸部（thorax）變成兩個（bi），以結果來說，就是長出兩對翅膀。目前研究認為這是由於調節翅膀形成的ultrabithorax基因，未能正常發育所導致。話說回來，從嘴裡說出「ultrabithorax」這個字也是很響亮呢。

在日本，果蠅的基因還有一些很有趣的名字，像是會讓雄蠅對雌蠅不感興趣的**satori**（醒悟）、接收到光線後就會有精神的**hikaru genki**（取自光源氏？）、不耐酒精的**cheapdate**（省錢的約會）、會多兩根剛毛的**musashi**（二刀流的宮本武藏）、在幼蟲階段就死亡的**neverland**（「彼得潘」裡的夢幻島）等等。對了，人們後來更發現，satori基因是會讓雄蠅對雄蠅示愛的基因呢。

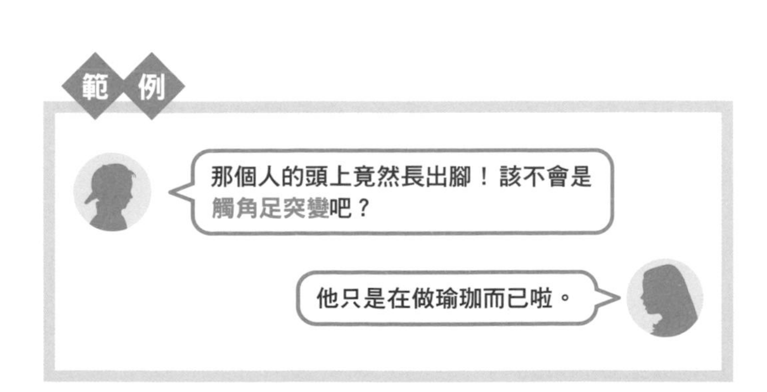

可千萬別被吞沒了……

火龍捲

NO. 77 

火龍捲？這該不會是火屬性與風屬性的角色，一起合力施展的合體技招式吧？

火龍捲其實是指發生大型火災時，與火災同時形成如龍捲風般的氣旋。火龍捲夾帶著火焰與炙熱的空氣，會不斷移動，使災害擴大。

火龍捲往往會出現在地震、空襲引起的火災中或火燒山之際。日本在關東大地震、東京大空襲、廣島與長崎被投下原子彈的時候，都出現過火龍捲。1923年的關東大地震中更超過100處發生火龍捲，東京墨田區的舊陸軍被服廠舊跡更有近4萬人死於火龍捲。

除了日本，1755年的**里斯本大地震**（葡萄牙）、1943年的**漢堡大轟炸**與1945年的**德勒斯登轟炸**（皆在德國）也都發生過火龍捲。

還有一個比較近期的熱門話題，那就是美國麻里蘭州立大學研究團隊發現的**藍色龍捲火焰**（Blue whirl）。這種新型態的火焰接近完全燃燒，能夠燃燒得非常乾淨，因此被期待能夠運用在原油處理等範疇。

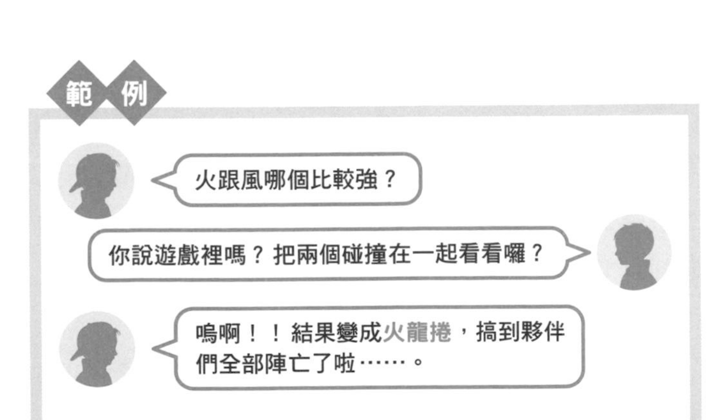

到底酒量好不好都要看它了

乙醛脫氫酶

NO. 78 | 化學 | 臭屁程度

在酒席上說出這個字，絕對百分百吸睛！乙醛脫氫酶的日文「アセトアルデヒド脱水素酵素」裡有片假名、又有漢字，看起來就很賞心悅目，還能用來練繞口令呢！

乙醛脫氫酶又名為**ALDH**，是一種酵素，能將酒類飲料中酒精代謝所產生的乙醛分解成醋酸。

乙醛脫氫酶又有三種類型，分別為活性較高的**GG型**（NN型）、活性較低的**AG型**（ND型）、無活性的**AA型**（DD型）。乙醛脫氫酶帶有毒性，會引起頭痛、嘔吐、醉後不適等症狀。GG型的人體內能夠迅速分解乙醛，所以算是酒量較好的體質，AG型則是酒量較差，AA型的人更可說是不會喝酒的體質。

不過，酒量較差的AG型與不會喝酒的AA型只會出現在黃種人身上。其中AG型占45%、AA型占5%，所以近半數日本人的酒量可能都不怎麼好。

是否為好酒量體質取決於ALDH類型，這是由筑波大學的原田勝二所發現。根據他的調查研究，發現日本人中，酒量好的GG型人口占比最多的是秋田縣，為77%，其次是71%的岩手縣與鹿兒島縣，最少的則是40%的三重縣與41%的愛知縣。

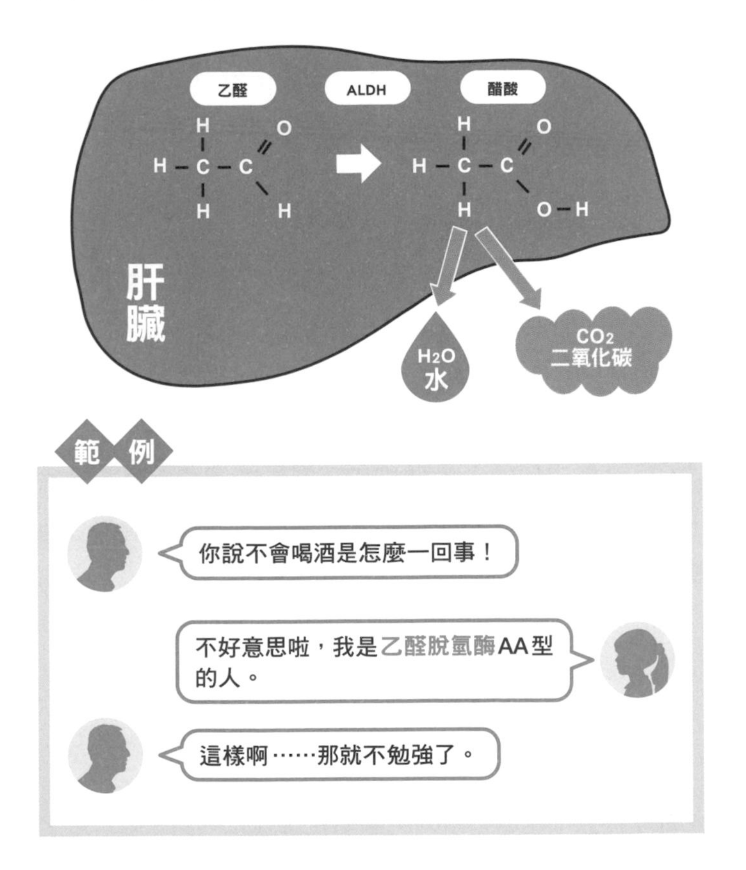

能夠快速完成分離＆分析

高效液相層析儀

NO. 79  臭屁程度

這個名稱聽起來就很有氣勢，像是能高速釋出液體攻擊敵人的必殺技呢。

高效液相層析儀（High Performance Liquid Chromatography，**HPLC**）是一種**層析**的手法，能把混在一起的多種物質加以分離。讓樣本液體高速通過填有緊密微粒的管子，就能在短時間內分離並檢出樣本成分。

HPLC能搭配使用各種溶劑，常見的溶劑有水、食鹽水、酒精、乙腈、二氯甲烷、三氟醋酸，另外也會混合數種溶劑作使用。

HPLC可以用來分析各種物質，其中又以有機物的分析應用最為廣泛。

除了高效液相層析儀外，還有使用濾紙的**濾紙層析法**、

使用氣體的**氣相層析法**、使用超臨界流體的**超臨界流體層析法**，以及運用物質間親和性（Affinity）的**親和層析法**等多種方法。

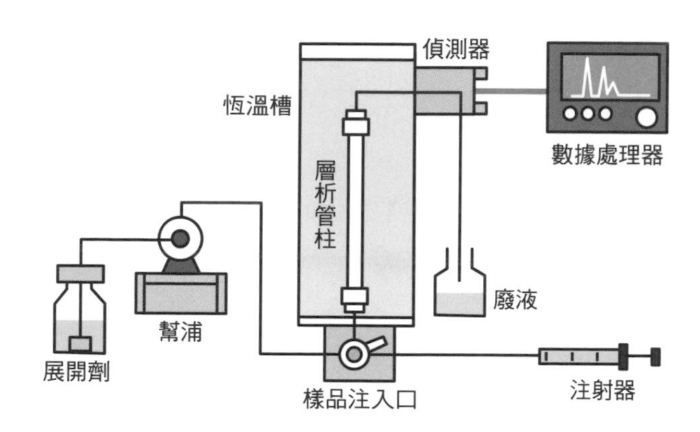

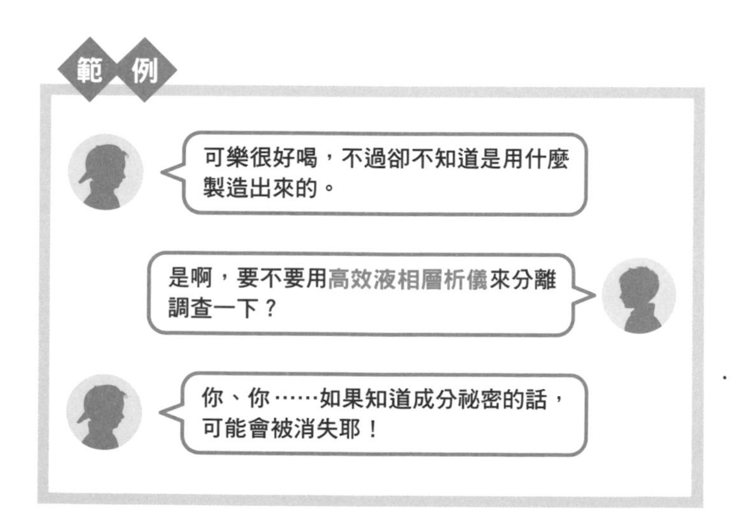

風速每秒50公尺!?

下擊暴流

聽起來像是既直接又非常猛烈的必殺技，感覺是能夠操控風的角色會使出的招式呢。

下擊暴流是指積雨雲下方形成寒冷且強烈的下沉氣流後，氣流衝向地面，接著朝水平方向擴散，以致突然颳起強風的現象。英文Downburst的burst是指「噴出」的意思，所以下擊暴流的日文又可稱為「下降噴流」。

其中，水平噴射直徑為達4公里的下擊暴流叫作**微暴流**（Microburst），超過4公里則稱為**巨爆流**（Macroburst）。

下擊暴流這個用語，是由對於此現象及龍捲風做了詳細調查，任教於芝加哥大學的藤田哲也教授所命名。1975年，美國紐約甘迺迪機場曾發生一起東方航空公司66號航班著陸失敗，造成超過百名乘客與機組成員罹難的事故。藤田教授在調查事故時，發現原因就是下擊暴流。這也使得下擊暴流開始受到各界關注。

下擊暴流還會引起下述現象。①颳起強風，②吹倒樹木或建築物，③氣壓上升，④氣溫下降＆溼度上升，⑤災害會以圓形、橢圓形或扇形等「整面」的形式擴大開來。

不同於和地面垂直，會造成帶狀式破壞的龍捲風，下擊暴流會平行掃過並摧殘整片土地，使受害範圍變大，造成的傷害也相對更深。

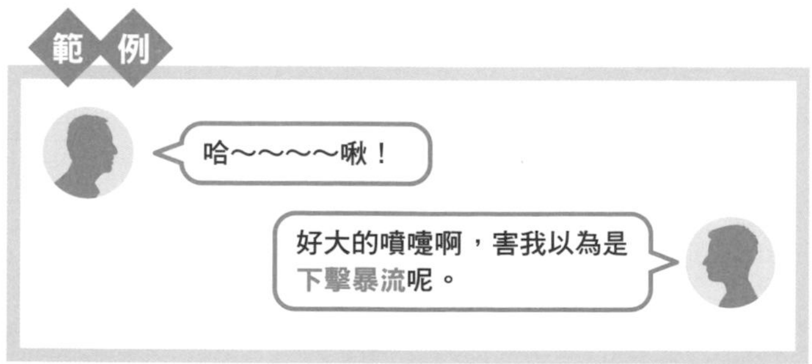

理科豆知識❶

在23人裡，其中兩人同一天生日的機率會超過50%。先求出所有人不同天生日的機率後，再算出至少有兩人同一天生日的機率就能得到結果（$1-{}_{365}P_{23}/365^{23}=0.507$……所以大約是50.7%）。因為算出來的結果跟一般大家的直覺相抵觸，所以又名為「生日悖論」。

兩個不同的正整數中，彼此除了1與自身之外的正因數之和與對方相等，那麼這組數就稱為「婚約數」。最小婚約數的組合為（48, 75）。目前所知的婚約數都是偶數與奇數的組合。古希臘數學家畢達哥拉斯認為，偶數象徵女性，奇數則是象徵男性，所以才會將這樣的組合命名為婚約數。

把一張0.1公釐厚的紙連續摺疊42次，單就計算結果來說，紙的厚度就可以到達月球。因為每摺一次，厚度會變2倍，所以紙的厚度會是0.1×2^{42}（mm），也就是44萬公里。地球到月球的距離約為38萬公里，所以摺第42次的時候就能抵達月球喲。

地表上最高的氣溫紀錄是1913年7月10日在美國死谷（Death Valley）測得的56.7℃。最低的氣溫紀錄則是1983年7月21日在南極沃斯托克研究站（Vostok Station，俄羅斯）測得的-89.2℃。

2015年NASA發表了一篇研究，提到洛夫喬伊彗星（Comet Lovejoy）釋放的氣體含有酒精（乙醇）。據說釋放量大時，每秒能釋放出相當於500瓶葡萄酒的酒精量。NASA甚至表示，這很符合洛夫喬伊彗星英文「Lovejoy」（愛與喜悅）的含意。

距離地球40光年的系外行星「巨蟹座55e」，被認為行星質量的三分之一是由鑽石組成，相當於3個地球的質量。

物理

據說瑪麗蓮・夢露曾在某次的晚宴場合，對愛因斯坦說道：「如果我倆生個孩子，繼承我的臉蛋和你的智慧，肯定完美極了。」愛因斯坦聽到後，回了句：「萬一是繼承妳的智慧和我的臉蛋呢？」

被視為次世代能源，人稱「地球上人造小太陽」的核融合發電研究正持續進行中。當核融合反應無法維持時便會立刻停止，所以核融合發電的安全性被認為比既有的核能發電更好。

核融合發電還有另一個優勢，那就是不太會產生高放射性廢棄物，而且燃料可直接取自海水，以海水提煉出1公克的氘（Deuterium）與氚（Tritium）便能產生相當於8噸石油的能量。

在透明玻璃杯裡倒入沙拉油，接著再把透明玻璃棒放入杯中，會發現玻璃棒不見了。

這是因為沙拉油的折射率與玻璃相近，所以從外部觀看很難區分出沙拉油和玻璃棒。

化 

游完泳之後眼睛會充血變紅，是因為泳池中含氯的消毒水與汗水、尿液的氨起作用形成了氯胺（Chloramine）所導致。

水果中富含的果糖又可分成α果糖和β果糖，β果糖的甜度是α果糖的3倍。在低溫環境下，β果糖的占比會變大，所以水果冰鎮之後嘗起來會覺得更甜。

廚房用清潔劑的殺蟑效果會比較好。蟑螂表面會有脂質，具防水效果，所以能避免呼吸用的氣孔阻塞。清潔劑內含的界面活性劑能溶掉油脂，只要對蟑螂噴灑清潔劑，使清潔劑流入氣孔中，那麼蟑螂就無法呼吸，窒息死亡。其中，泡沫型清潔劑甚至把蟑螂整個包覆，完全堵住氣孔，因此效果最好。

理科豆知識❷

甜蝦（北極甜蝦）能夠轉性。甜蝦出生時是公的，長到5～6歲的時候會轉性成母的。另外，克氏海葵魚等海水魚也會轉性。

海獺在睡覺時會把海草纏繞在身上，以防被海水沖走，與同伴失散。如果是沒有海草的水族館，據說海獺們還會牽手睡覺，避免分開。

分布於日本本州中部以北、北海道、庫頁島的山荷葉花平常是白色，但下雨淋溼後會變透明。

牛會有同性的親友，和親友在一起的話能減緩壓力，心跳速度也會跟著變慢。如果拆散彼此，就會讓牛備感壓力。

斑馬身上的條紋能夠調節體溫。黑條紋與白條紋間的溫差能形成對流風，使體溫下降。

土撥鼠跟家人間會以擁抱和親吻的方式打招呼。

為了確保良好的睡眠品質，睡前3小時起就該避免使用電腦或手機，並將室內燈光稍微調暗，會有助於分泌能幫助睡眠的褪黑激素。
另外，早上曬20分鐘的日光浴並搭配健走，將促進形成褪黑激素的成分，也就是血清素的分泌，使褪黑激素能在夜晚順利分泌。

以照射光線的方式破壞癌細胞的「光免疫療法」，被視為全新的癌症治療法。

治療時會注射一種藥物，此藥物採用了會對近紅外線起反應的色素，當色素與癌細胞結合後就會產生抗體，只要照射近紅外線，藥物就會吸光發熱，破壞癌細胞。2012年時任美國總統的歐巴馬也曾在國情咨文演說中提到光免疫療法。

想要預防流感，建議可以每20分鐘喝口飲料。據說流感病毒附著在喉嚨或鼻腔黏膜後，大約20分鐘就能入侵體內。所以每隔20分鐘喝個飲料，便可將黏膜上的病毒沖至胃部分解。如此一來還能預防感冒，真可說是一石二鳥呢。

打嗝停不下來時，可將雙手食指放入兩耳中，並按壓30～60秒。這樣將能刺激耳朵裡的迷走神經，有機會讓打嗝停止。

落枕的問題不在頸部，而是因為睡覺時，位於腋下的神經受壓迫導致。所以建議落枕時，可以按捏舒緩痠痛側的腋下，接著把痠痛側的手臂自然地往後舉並維持20秒，重複2次上述動作。

香菸所含的尼古丁能夠促進腦內釋放出快樂物質多巴胺，因此吸菸會讓人心情變好，進而出現菸癮。癮君子開始仰賴尼古丁來釋放多巴胺，會變成少了尼古丁就難以產出多巴胺的體質，甚至只有吸菸的時候才會感到開心。

有一種讓蛆吃掉壞死組織達清創目的的治療法，名叫「蛆療法」。主要會應用在糖尿病足潰瘍的治療上。

外加附贈用語一覽 ❶

醫學 Anatomische Tabellen

日本第一本西洋醫學翻譯書《解體新書》的原版。

醫學 折疊刀反應(clasp-knife response)

上運動神經元病變常見的症狀。想從外部對四肢關節施力使其活動時，肌肉出現強烈抵抗，抵抗後又會立刻放鬆癱軟的現象。

醫學 Baccatin(巴卡亭)

從紫杉萃取出的有機化合物。可用來化學合成出抗癌藥物紫杉醇(Taxol)。雖然日劇中金八老師的名言「このバカチンが！」聽起來很像バッカチン，不過和金八老師一點關係也沒有喲。

醫學 奧氏神經叢

腸神經系統的一部分，主要負責消化道的運動。德國的奧爾巴赫(Auerbach)是首位將此神經叢記載於文獻中的人，所以將其命名為奧氏神經叢。

醫學 半乳糖醇

半乳糖醇的日文是「ズルシトール」，不過它可一點也不狡猾(ズル)喲(笑)。半乳糖醇是一種醣醇。半乳糖激酶(galactokinase)缺乏症的患者會因為眼部水晶體生成過量的半乳糖醇引發白內障。

醫學 幻肢痛

因疾病或受傷所截掉的四肢出現痛感。舉例來說，明明是已經截掉手臂的人，卻覺得手指會痛。英文又名「Phantom Pain」。

醫學 雞尾酒會效應

在雞尾酒會這種多人談話的場合，大腦卻能夠讓我們的注意力集中在某一個人的談話聲中。

醫學 二十二碳六烯酸

一種不飽和脂肪酸，又名DHA。青魚（背部發青的魚類）體內含有大量的DHA，被認為多攝取能夠預防生活習慣病（即文明病）、增加記憶力。

醫學 寡樹突膠細胞

位於中樞神經，會一層層包覆著軸突，形成髓鞘結構的細胞。英文為「oligodendrocyte」。

醫學 巴賓斯基反射

健康者不會出現的反射動作。從腳底外側朝指頭處刮騷，拇指會朝指甲側翹曲。此現象1896年由法國的巴賓斯基（Babinski）所提出。

化學 四異戊二烯焦磷酸（geranylgeranyl diphosphate）

能生成類胡蘿蔔素、葉綠素等，植物光合作用色素的前驅物。有沒有人和我一樣，在唸日文ゲラニルゲラニルピロリン酸的時候，節奏會變成動漫「甜蜜小天使」裡的咒語「甜蜜甜蜜甜甜甜」呢？

化學 水化氯醛（Chloral hydrate）

最古老的催眠藥。過去被用來催眠及麻醉，但現在幾乎已不再使用。

化學 對二氯苯

苯的二氯化物，被作為驅蟲劑使用，具揮發性，會產生刺激性氣味。

外加附贈用語一覽 ❷

化學　蝕刻（Etching）

會用在金屬表面加工的一種腐蝕技術。主要可分成使用氣體的乾蝕刻與使用液體的溼蝕刻。大家可別因為它的日文發音エッチング而想歪啊！

化學　雙氧水

過氧化氫（H_2O_2）溶液，過氧化氫濃度大約為3～4%，用在消毒等用途上。

化學　紅紫酸

紅紫酸的日文雖然是プルプル酸，不過它一點也不Q彈（プルプル）喲（笑）。紅紫酸銨鹽的紫脲酸銨（Murexide）會被用來作為絡合滴定法的指示劑，或是比色分析試劑。

化學　李必氏冷凝管

管子為雙層結構，蒸餾時會使用到的冷卻器。讓水流過外管，冷卻通過內管的蒸氣，使氣體液化。由德國的李比氏（Liebig）所發明。

數學　阿涅西的女巫（箕舌線）

$(x^2+c^2)y-c^3=0$ 所呈現的曲線。是由義大利的阿涅西所發現。因為當初把義大利文的「繩子（versoria）」寫成了versiera（女巫），所以才會稱作阿涅西的女巫。

數學　火腿三明治定理

這個定理是敘述有一個平面，能把三明治中的兩片麵包和中間的火腿（三個立體圖形）同時兩等分。

數學 維數災難

當數學空間的維數增加時，問題算法隨著指數函數增加的現象。

數學 零知識證明

密碼學裡一種無須向對方透露祕密情報，就能證明自己手中握有情報的方法。

數學 魔鬼階梯

一個具備連續性，卻又不絕對連續的函數。也叫康托爾函數。

數學 夾擠定理

若兩個函數有著相同極限值，那麼介於兩函數之間的第三個函數也會是相同的極限值。也稱作夾擠原理。

數學 病態函數

非典型且反直覺的函數。較具代表性的病態函數中，包含了即便具備連續性，但在任何地方都不可微分的魏爾斯特拉斯函數。

數學 烏拉螺旋

把自然數排列成像漩渦一樣的方格狀，接著塗掉質數，那麼會浮現出一個就像在轉動的漩渦。這是美國數學家烏拉在一次學會中隨手塗鴉所發現的現象。

數學 費馬最後定理

講述法國數學家費馬在書本空白處寫下的一段非常有名的文字。內容為「關於這個定理，我確信自己已經發現了一個美妙的證法，可惜這裡空白處太小，寫不下」。

外加附贈用語一覽 ❸

生物 食腐動物（scavenger）

吃動物屍骸或排泄物維生的動物。

生物 耳咽管

連接中耳鼓室和咽喉的管子，能夠調節鼓室內的氣壓。發現者是義大利的埃烏斯塔基奧（Eustachian），也可稱作歐氏管。

生物 粒線體夏娃理論

將目前人類女性祖先進行粒線體DNA分析追溯後，計算出共同來源可能是一名生於12～20萬年前的非洲女性。

生物 Sonic hedgehog（音蝟因子）

在胚胎發育的過程中，與細胞分化、增生以及四肢形成有關的蛋白質。順帶一提，這個名稱就是以Sega遊戲「音速小子」（Sonic the Hedgehog；直譯為「刺猬索尼克」）命名。

生物 均質儀

將檢體組織磨碎、破壞細胞的裝置，可用來萃取細胞內核酸或蛋白質。英文Homogenizer源自「均質化」（homogenize）。

生物 *Gorilla gorilla gorilla*

西部低地大猩猩的學名。飼養在日本愛知縣東山動物園，因為太帥討論度破表的帥猩猩夏巴尼（シャバーニ）也是西部低地大猩猩喲。

生物 馬鹿松茸（假松茸）

外型和氣味都很像松茸的香菇。不過，馬鹿松茸生長於雜木林，且冒出的時間比正牌松茸還要早，生長的地點和時間都不對，所以被命名為很笨（馬鹿）的松茸。

生物 寒武紀大爆發

古生代寒武紀（約5億4200萬年前～5億3000萬年前）期間，出現了大批的多樣生物。

地科 高空閃電

出現在20～100公里高空，放電所形成的發光現象。目前高空閃電分為下述幾種，包含淘氣精靈（Elves）、藍色噴流（Blue Jet）、紅色精靈（Red Sprites）、地球伽瑪射線閃光（Terrestrial gamma-ray flashes，TGFs）、電磁波爆裂（The burst of electromagnetic radiation）等。

地科 子彈星系團

位於船底座的星系團。小小的星系團像子彈一樣，貫穿大星系團中心，所以命名為子彈星系團。

地科 Ultima Thule

位於海王星外，落在埃奇沃思・柯伊伯帶（Edgeworth-Kuiper Belt）上的天體。同時也是2014年以哈伯太空望遠鏡觀測到的天體，並於2019年正式命名為天空小行星（486958 Arrokoth）。

地科 亞歷山大暗帶（Alexander's Dark Band）

出現雙彩虹（虹與霓）時，兩道彩虹間較暗的區域。發現者是古希臘哲學家阿佛洛狄西亞的亞歷山大，所以命名為亞歷山大暗帶。

外加附贈用語一覽 ❹

地科 威烈威烈（Willy-Willy）

會突然發生在澳洲內陸的颱風，又名為塵捲風。是指強烈日照形成上升氣流，並捲起地面沙塵的現象。

地科 Fossa magna（大海溝）

南北貫穿日本本州的海溝。拉丁語Fossa magna意指「大裂溝」。

地科 風花

晴天時降下如花瓣般的雪。日本群馬縣、靜岡縣等地相當常見。用字聽起來真是風雅啊。

物理 熱力學第零定律

熱力學中，當A物體與B物體達熱平衡，且B物體也與C物體達熱平衡的話，那麼A與C物體也會處於熱平衡。

物理 薛丁格的貓

這是一個探討貓咪生死的實驗。1935年，奧地利物理學家薛丁格（Schrodinger）為了凸顯量子力學的問題點所提出。

物理 我的天哪粒子（Oh-My-God particle）

目前已知最快速且具質量的粒子。1991年在猶他州杜格威試驗基地（Dugway Proving Ground）檢測到擁有超高能量的宇宙射線。

物理 宇宙審查假說

在探討廣義相對論時出現的概念，認為時空中不會自然形成裸奇點（裸露的奇異點）。

物理 貓眼效應

鑽石珠寶表面出現一條像貓眼般的明亮光芒。又名Chatoyancy。

物理 奇異原子

這是一種原子，環繞著原子核的電子能夠替換成擁有μ粒子或π介子這類帶負電的基本粒子。奇異原子雖然日文叫「エキゾチック原子」，不過和唱「2億4千万の瞳 －エキゾチック・ジャパン－」的鄉廣美可是一丁點關係也沒有喲。

物理 波動方程式

與波動有關的運動方程式，也是將空間座標與時間視為自變數的偏微分方程式。1926年由奧地利物理學家薛丁格所提出。

物理 假真空（False vacuum）

量子場論裡的一個假說，也是一種準穩態（Metastable state）。最後會受量子穿隧（Quantum tunnelling）的影響出現相變，衰變到真真空（True vacuum）狀態。

物理 事件視界（Event horizon）

在進行光線等觀測時，用來區分已知領域和未知領域的界線。又名「史瓦西半徑」（The Schwarzschild radius）。

物理 惡魔核心

在美國洛斯阿拉莫斯國家實驗室中，用來進行各種實驗的鈽球。當時因為臨界事故造成兩位科學家身亡，所以又名為惡魔核心。

【作者簡介】

信定邦洋

日本岡山縣總社市出生。水瓶座、A型。就讀大學與研究所期間皆專攻生技。學生時期開始擔任家教後，深刻感受到教育的趣味之處，其後更在Axis Online、富士學院的醫學部升學補習班擔任講師。秉持著「要開心念書！」的理念，搭配諧音、插畫以及各種有趣的豆知識，避免學生死背，努力讓課堂變得有趣。

興趣是參加讚岐烏龍麵巡禮、看棒球賽，是廣島東洋鯉魚隊的死忠球迷。也很喜歡看漫畫，像是《王者天下》之類的。最喜歡柴犬。特殊專長是少林拳法（二段）。

理科用語大聲公

出　　版／楓葉社文化事業有限公司
地　　址／新北市板橋區信義路163巷3號10樓
郵政劃撥／19907596　楓書坊文化出版社
網　　址／www.maplebook.com.tw
電　　話／02-2957-6096
傳　　真／02-2957-6435
作　　者／信定邦洋
翻　　譯／蔡婷朱
責任編輯／江婉瑄
內文排版／洪浩剛
港澳經銷／泛華發行代理有限公司
定　　價／350元
初版日期／2021年8月

國家圖書館出版品預行編目資料

理科用語大聲公 / 信定邦洋作 ; 蔡婷朱翻譯.
-- 初版. -- 新北市 : 楓葉社文化事業有限公司
, 2021.08　面 ;　公分

ISBN 978-986-370-310-5（平裝）

1. 科學 2. 術語

304　110009223